FORSCHUNGSBERICHTE DES LANDES NORDRHEIN-WESTFALEN

Nr. 2036

Herausgegeben im Auftrage des Ministerpräsidenten Heinz Kühn
von Staatssekretär Professor Dr. h. c. Dr. E. h. Leo Brandt

Obering. Herbert Stein

Text.-Ing. (grad) Andreas Erkens

Institut für textile Meßtechnik M. Gladbach e.V., Mönchengladbach

Einfluß von rasch wechselnden Zugspannungen unterschiedlicher Art und Größe auf den Zusammenhalt der in einem Gespinst vereinigten Fasern

Springer Fachmedien Wiesbaden GmbH 1969

ISBN 978-3-663-20065-9   ISBN 978-3-663-20423-7 (eBook)
DOI 10.1007/978-3-663-20423-7

Verlags-Nr. 012036

© 1969 by Springer Fachmedien Wiesbaden
Ursprünglich erschienen bei Westdeutscher Verlag GmbH, Köln und Opladen 1969
Gesamtherstellung: Westdeutscher Verlag

Inhalt

1. Einführung 5

2. Allgemeine Betrachtungen 5

3. Aufgabenstellung 7

4. Verwendete Prüfgeräte 8
   4.1 Statische Zugprüfgeräte 8
   4.2 Reibkraft-Prüfeinrichtung 9
   4.3 Prüfgerät »Pulsograph« 9

5. Durchgeführte Untersuchungen 10
   5.1 Wechselbeanspruchungen mit geringen Hubfrequenzen 10
   5.2 Einführung in die Prüftechnik mit dem »Pulsograph« 11
   5.3 Auswirkungen verschiedener Fasereigenschaften auf die Widerstandsfähigkeit von Fasergarnen gegenüber Wechselbeanspruchungen 14
   5.3.1 Faserlänge 14
   5.3.2 Faserfeinheit 15
   5.3.3 Faserkräuselung 15
   5.3.4 Faserquerschnittsform 16
   5.3.5 Fasermischung 16
   5.3.6 Spinnavivage 17
   5.4 Gespinst- und Zwirndrehung 19
   5.5 Veränderung des Garnverhaltens durch Nachbehandlung 19
   5.5.1 Benetzen 20
   5.5.2 Färben 20

6. Zusammenfassung 21

7. Danksagung 22

8. Literaturverzeichnis 23

Anhang (Abbildungen 1—31) 26

1. Einführung

Veranlassung zur Bearbeitung des vorliegenden Forschungsvorhabens gaben Beobachtungen über das Entstehen von Fadenbrüchen bei Fasergarnen, die als Kettmaterial auf Webstühlen verarbeitet werden. Die hierbei wirksamen, durch die Kettbaumbremsung bzw. Kettbaumabrollvorrichtung bestimmten mittleren Fadenspannungen liegen allgemein sehr niedrig und weit unter der Reißkraft. Auch die durch Schaftbewegung und Ladenanschlag bewirkten Zugkraftspitzen erreichen keine kritischen Werte. Es galt deshalb festzustellen, unter welchen Voraussetzungen durch wechselnd wirksame Zugbeanspruchungen, wie sie beispielsweise die Kettfäden beim Weben erfahren, Auflockerungen des Fasergefüges bewirkt und in diesem Zusammenhang Schleiferscheinungen und damit Fadenbrüche ausgelöst werden.

2. Allgemeine Betrachtungen

Unter »Garn« ist nach DIN 60900 ein einfädiges textiles Gebilde zu verstehen, das aus Spinnfasern oder Endlosfasern (Elementarfäden) besteht.
Bei einem Endlosgarn, das – wieder nach der Normvorschrift – aus Endlosfasern (Elementarfäden) gebildet wird, sind die Kraft-Dehnungs-Eigenschaften der Elementarfäden maßgeblich auch für die Reißkraft des Garnes. Wenn diese allgemein unter dem Betrag liegt, der sich aus der Summe der Reißkraftwerte errechnet, dann ist hierfür meist ein nicht ganz gleichartiges Dehnungsverhalten der einzelnen Elementarfäden maßgebend, was beim statischen Zugversuch zu einer unterschiedlichen Lastverteilung führt.
Vielfach erhalten multifile Endlosgarne eine Drehung, wodurch die einzelnen Elementarfäden aneinandergepreßt werden. Dies bringt gewisse Veränderungen im Kraft-Dehnungsverhalten bzw. für die beim statischen Zugversuch ermittelten Werte für Reißkraft und Reißdehnung bzw. Bruchdehnung.
Sofern zur Herstellung von Fasergarnen Fasern mit einer Stapellänge Verwendung finden, die kleiner bzw. wesentlich kleiner ist als die beim statischen Zugversuch angewandte Einspannlänge, dann hängt die von einem solchen Fasergarn maximal zu übertragende Zugkraft nicht mehr ausschließlich von der Substanzfestigkeit der verarbeiteten Fasern ab. Diese wird vielmehr nur zu einem Teil genutzt, das heißt, die Summe der Reißkräfte der im Fadenquerschnitt vereinigten Fasern ist nicht unerheblich höher als die Reißkraft des Fasergarnes.
Erwünscht ist natürlich eine möglichst hohe Substanzausnutzung. Der zu erreichende Wert wird von verschiedenen Faktoren bestimmt. Einmal spielt auch hier – wie bei den multifilen Endlosgarnen – das Dehnungsverhalten der zum Gespinst bzw. einem daraus hergestellten Zwirn verarbeiteten Fasern eine Rolle. Je unterschiedlicher das Dehnungsvermögen der einzelnen Fasern ist, eine um so schlechtere Substanzausnutzung wird gegeben sein. Insbesondere gilt dies bei der Erzeugung von Mischgespinsten aus verschiedensten Fasertypen mit zwangsläufig unterschiedlichen Kraft-Dehnungs-Eigenschaften.

Bei einem Fasergarn muß des weiteren vermieden werden, daß sich die Fasern durch Schleifen voneinander lösen, also gar nicht in einer Höhe zur Kraftübernahme herangezogen werden, welche ihrer Reißkraft entspricht. Hier sind Maßnahmen zu ergreifen, die dafür sorgen, daß die im Gespinst bzw. Zwirnverband vereinigten Fasern fest aneinander haften und von einem zum anderen Ende des eingespannten Fadenstücks Zugkräfte übertragen, die zur Erzielung einer gewünschten Reißkraft erforderlich sind.

Zusammenfassend ist zu diesen Überlegungen festzustellen, daß die Reißkraft eines Spinnfasergarnes und eines daraus hergestellten Zwirns durch folgende Faktoren bestimmt wird:

a) Die Reißkraft der einzelnen Fasern,
b) deren Dehnungsverhalten, wobei nur dann optimale Voraussetzungen gegeben sind, wenn ein weitgehend gleiches Dehnungsvermögen vorliegt,
c) die Faserfeinheit und damit die Zahl der Berührungspunkte für die im Garnquerschnitt vereinigten Fasern,
d) die Faserlänge,
e) die Faseroberflächenbeschaffenheit, die einmal durch die Faserquerschnittsform, die Faserkräuselung, außerdem aber durch eventuell nachträglich aufgebrachte Avivage- und Präparationsmittel zu beeinflussen bzw. zu verändern ist,
f) die Steifheit der Fasern, die auf den sich im Spinndreieck hinter dem Klemmpunkt des Streckwerks abspielenden Einbindevorgang Einfluß nimmt,
g) die Parallellage der Fasern im Gespinstverband,
h) der durch die Drahtgabe bewirkte, radial zur Fadenachse gerichtete Druck, mit dem die Fasern aufeinandergepreßt werden,
i) die beim Verzwirnen angewandte Drallrichtung, welche die Wirkung der Gespinstdrehung vergrößern (SS/ZZ) oder auch vermindern kann (SZ).

Die Garnfestigkeit und die unter unterschiedlichen Belastungen auftretenden Garndehnungen werden normalerweise bei einem statischen Zugversuch ermittelt. Die jeweils vorliegenden charakteristischen Materialeigenschaften sind dabei besonders anschaulich mit einer Kraft-Längenänderungs-Kurve aufzuzeigen.

Die dem Garn erteilten Drehungen führen dazu, daß im Verlauf der Prüfung mit anwachsenden Zugkräften entsprechend auch die Faserpressung weiter ansteigt, wodurch der Zusammenhalt der Fasern im Gespinst- bzw. Zwirnverband erhöht wird. Die für Reißkraft und Reißdehnung bzw. Bruchdehnung ermittelten Werte weisen deshalb im allgemeinen auch für weich gedrehte voluminöse Fasergarne eine relativ hohe Substanzausnutzung auf.

Bei der Verarbeitung im praktischen Betrieb und den hier auftretenden Zugbeanspruchungen sind im allgemeinen andere Voraussetzungen gegeben als bei einem bis zum Bruch durchgeführten statischen Zugversuch. Die sich ausbildenden Fadenspannungen liegen im allgemeinen unter bzw. wesentlich unter der Reißkraft. Auch sind sie nicht dauernd oder stetig zunehmend wirksam, vielmehr einem gewissen Wechsel und unter Umständen auch Entlastungen bis auf den Nullwert unterworfen.

Monofile oder multifile Endlosgarne werden durch eine solche Beanspruchungsweise kaum gefährdet. Anders liegen die Verhältnisse bei Fasergarnen, wenn eine Auflockerung des Faserverbandes eintritt, die im Garnquerschnitt vereinigten Fasern sich gegeneinander verschieben und dann bereits unter der Einwirkung relativ kleiner, weit unter der Reißkraft liegender Zugkräfte auseinanderschleifen. Zweifellos ist es auf solche Erscheinungen zurückzuführen, wenn bei der Weiterverarbeitung Fasergarne, die bei Laborversuchen gute Kennwerte für Reißkraft und Reißdehnung aufgewiesen haben, zu Fadenbrüchen neigen und damit zu Reklamationen Anlaß geben.

Insbesondere bei der Verarbeitung als Kettfadenmaterial auf einem Webstuhl liegen Voraussetzungen vor, die ein Fasergarn zum Auseinanderschleifen veranlassen können. Die Bruchstelle wird dann erkennen lassen, daß die im Garnquerschnitt vereinigten Fasern an der Fadenbruchstelle nicht zerrissen sind, so daß die Fadenenden ein pinselförmiges Aussehen zeigen.

Auch dann, wenn ein Faden über lange Strecken frei geführt wird und hierbei zum Beispiel durch hüpfende Teller von Fadenbremsen größere Fadenspannungsschwankungen entstehen, kann es zu Schleifererscheinungen kommen. Diese werden begünstigt, wenn ein Gespinst- bzw. ein Zwirnverband bereits bei vorangegangenen Behandlungsprozessen aufgelockert wurde.

3. Aufgabenstellung

In zahlreichen Veröffentlichungen wird das Verhalten von Textilien behandelt, wenn diese wechselnden Zugkraft-Beanspruchungen nach verschiedenen Programmen unterworfen werden. Dabei interessiert einmal, wieweit vorliegende Kraft–Dehnungs-Eigenschaften Veränderungen erfahren und wieweit es zu Ermüdungserscheinungen kommt, die zum Bruch führen.

Bei der Chemiefaserherstellung werden mit solchen Untersuchungen die Eigenschaften von Fasern und Garnen ermittelt, die Produktionsprozesse gesteuert und für besondere Verwendungszwecke geeignete Materialien entwickelt.

Das vorliegende Forschungsvorhaben befaßt sich – ausgehend von im praktischen Betrieb gemachten Beobachtungen und von den Ergebnissen im Institut durchgeführter Vorversuche – speziell mit dem Verhalten von Fasergarnen, die in der Größe rasch wechselnden Zugkräften unterworfen werden. Damit sollen Beanspruchungen nachgeahmt werden, wie sie bei der Verarbeitung im praktischen Betrieb in Form von Fadenspannungen bzw. Fadenspannungsänderungen auftreten. Von besonderem Interesse sind in dem Zusammenhang die sich in dem einem Webstuhl vorgelegten Kettfadenmaterial abspielenden Vorgänge. Hierbei gilt, daß einer durch die Kettbaumbremsung bzw. eine Kettbaum-Abrollvorrichtung vorgegebenen relativ kleinen konstanten Mittelkraft (Kettfadenspannung) eine Wechseldehnung (durch die Fachbildung) überlagert wird. Das war beim Aufbau der für Laboratoriumsversuche bestimmten Prüfeinrichtung zu beachten.

Untersucht werden sollten:

A. Die Auswirkungen der Geräteeinstellung, wie:
   Höhe der Mittelkraft, Größe der Wechseldehnung, Hubfrequenz.

B. Die Auswirkung der Faser- bzw. der Garneigenschaften, und hier:
   Faserlänge, Feinheit, Kräuselung, Querschnittsform, Fasermischung, Spinnavivage, außerdem:
   Garndrehung, Nachbehandlung (Benetzen, Färben).

4. Verwendete Prüfgeräte

4.1 Statische Zugprüfgeräte

Zur Aufnahme von Kraft-Längenänderungs-Kurven, zur Durchführung von Wechselbelastungen an Fasergarnen sowie zur Ermittlung der Haft-Gleit-Eigenschaften von Bändern und Vorgarnen aus unterschiedlich avivierten Zellwollfasern wurde ein Zugprüfgerät vom Typ »Statigraph« (Fabr. Textechno) verwendet. Dieses arbeitet nach dem Prinzip der konstanten Verformungsgeschwindigkeit. Für den Antrieb der Abzugsklemme dient ein in weiten Grenzen regelbarer, thyristorgesteuerter Gleichstrommotor. Die Anzeige und Registrierung der im Prüfgut wirksamen Zugkräfte erfolgt durch einen nach dem Kompensationsverfahren arbeitenden Kraftschreiber, wobei der Diagrammpapiervorschub wahlweise zeitkonstant oder zwangsläufig von der Antriebsvorrichtung für die Abzugsklemme aus zu bewirken ist und Hysteresisschleifen aufgezeichnet werden können. Ein zusätzliches Steuergerät gibt dabei die Möglichkeit, das zwischen Meß- und Abzugsklemme eingespannte Fadenstück Wechselbeanspruchungen nach verschiedenen Programmen zu unterwerfen.
Das Meßsystem eines zweiten im Gerät eingebauten Tintenschreibers wird gleichsinnig mit der Abzugsklemme bewegt. Deren Weg entspricht bei der praktisch weglos arbeitenden elektronischen Kraftmeßeinrichtung der auf das Prüfgut ausgeübten Dehnung, so daß den hiervon aufgezeichneten Diagrammen Aussagen über die bei Wechselbeanspruchungen bewirkten Garndehnungen, die Größe der Elastizität und auch das Relaxationsverhalten entnommen werden können. Zur Überprüfung der Reißkraft über größere Materiallängen wurde das automatisch arbeitende Garnreißgerät »Dynamometer Uster« (Fabr. Zellweger) eingesetzt, das nach dem Prinzip der konstanten Belastungsgeschwindigkeit wirksam ist. Die Meßwerte werden hier in Form von Strichdiagrammen für Kraft und Dehnung sowie mit einem Häufigkeitsschaubild über die Reißkraftstreuung dargestellt.
Speziell bei der Untersuchung von Garnen, die eine relativ geringe Drehung aufweisen bzw. solchen, die auch schon beim statischen Zugversuch zu Schleiferscheinungen neigen, können gerätebedingte Meßfehler entstehen, die zu hohe Werte für Reißkraft und Reißdehnung vortäuschen. Beim »Dynamometer Uster« gilt der Prüfvorgang als beendet, wenn ein den Faden abtastender Fühlhebel feststellt, daß Fadenbruch eingetreten ist. Liegt beim Auftreten von Schleif- oder Orientierungsvorgängen im Faser-Gespinstverband die Reißkraft über der Bruchkraft (vgl. DIN 53815), dann wird der Prüfvorgang zwar nach Überschreiten der Höchstkraft beschleunigt. Es läßt sich aber nicht vermeiden, daß die nach der erreichten Lage der schiefen Ebene und der Stellung des Belastungswagens bestimmten Werte für Kraft und Dehnung zu hoch ausgewiesen werden. Soweit im Abschnitt 5 »Durchgeführte Untersuchungen« mit diesem Gerät gefundene Meßwerte genannt werden, sind sie mit »Reißkraft« und »Reißdehnung« bezeichnet, obwohl das nach dem Vorgesagten – zumindest bei bestimmten Vorbedingungen – nicht immer ganz richtig und zutreffend ist.
Zusätzlich fand ein automatisches Zugfestigkeitsprüfgerät »Statimat« (Fabr. Textechno) Verwendung, das in gleicher Weise wirksam ist wie der vorerwähnte »Statigraph«. Nach eingetretenem Fadenbruch wird hierbei jedoch selbsttätig ein neuer Prüfgutabschnitt in die Meßstrecke eingeführt. Summierzählwerke und ein zusätzliches Klassiergerät erleichtern die Auswertung der Meßergebnisse.

4.2 Reibkraft-Prüfeinrichtung

Reibkraftprüfungen am laufenden Faden kamen mit einer Dehnkraft-Prüfmaschine vom Typ »Dynagraph« (Fabr. Textechno) zur Durchführung. Das von einem Vorlaufgerät mit konstanter Spannung zugeführte Prüfgut wird hierbei über einen Reibkörper gezogen. Eine Kraftmeßeinrichtung ermittelt die hinter dem Reibkörper wirksamen Fadenzugkräfte. Der Fadentransport erfolgt durch die Abzugswalze und kann auf Geschwindigkeiten in Bereichen von 2 bis 60 m/min eingestellt werden.

4.3 Prüfgerät »Pulsograph«

Zur Durchführung der Untersuchungen im Sinne der Aufgabenstellung wurde eine Meßeinrichtung aufgebaut, die nachfolgend mit »Pulsograph« bezeichnet wird. Damit ist es möglich, das zwischen zwei Klemmen eingespannte Prüfgut bei einer vorgegebenen konstanten Mittelkraft konstanten Wechseldehnungen wählbarer Größe und Frequenz zu unterwerfen.

Der prinzipielle Aufbau des »Pulsograph« ist aus Abb. 1* ersichtlich. Die Abb. 2 zeigt die konstruktive Ausführung des vom Institut für die Versuche verwendeten Gerätes.

Der Antrieb der schwingenden Klemme erfolgt durch einen zweifach polumschaltbaren Antriebsmotor, wobei durch Umlegen eines Keilriementriebs eine weitere Möglichkeit gegeben ist, die Hubfrequenz zu verändern, so daß diese wahlweise zu 5, 10 oder 20 Hz gewählt werden kann. Der Hubweg läßt sich durch entsprechende Einstellung des verwendeten Kurbeltriebs zwischen 0 und max. 50 mm variieren.

Die zweite Klemme ist auf einer Art Waage in einem solchen Abstand von der schwingenden Klemme angeordnet, daß sich in deren oberer Stellung eine Einspannlänge von 500 mm ergibt.

Durch Gewichte auf den Hebelarmen wurde die Masse der Waage erheblich vergrößert. Dadurch soll vermieden werden, daß die zweite Klemme und damit die gesamte Waage an den raschen Schwingbewegungen teilnimmt.

Die gewünschte Mittelkraft wird bei austarierter Waage durch ein angehängtes Belastungsgewicht erzeugt. Eine im Verlauf der Prüfung durch Dehnung oder Auseinanderschleifen des Fadens eintretende Längenzunahme gleicht sich selbsttätig durch Ausschwingen der Waage aus. Der von der Fadenklemme an der Waage zurückgelegte Weg entspricht dabei der Größe der auf das Prüfgut ausgeübten Dehnung.

Um die sich während der Prüfung abspielenden Vorgänge in Diagrammform auftragen zu können, ist mit der Waage ein Weggeber verbunden, der über eine Meßbrücke einen elektrischen Tintenschreiber ansteuert. Dieser trägt die sich im Prüfvorgang abspielenden Vorgänge in Form einer Zeit–Längenänderungs-Kurve auf und läßt erkennen, in welcher Weise sich die Längenzunahme abspielt, bis schließlich mit Auseinanderschleifen Fadenbruch eintritt.

Damit auch die im Prüfgut wirksamen, durch die Wechseldehnung verursachten Kraftspiele zu ermitteln sind, kann auf der Waage der die Fadenklemme tragende Meßkopf einer elektrischen Kraftmeßeinrichtung befestigt werden. Um die Kraftspitzen und diesen folgende Kraftzusammenbrüche größenordnungsmäßig richtig zu erfassen, ist dabei eine Meßeinrichtung mit genügend hoher Eigenfrequenz und für die Aufzeichnung der Meßwerte ein technischer Schnellschreiber verwendet worden, der eine hohe Einstellgeschwindigkeit aufweist.

In Verbindung mit einem photoelektrisch wirksamen Weggeber für die Bewegungen der schwingenden Klemme und einem Kathodenstrahl-Oszillographen wurde weiterhin

---

* Die Abbildungen stehen im Anhang ab Seite 26.

die Möglichkeit geschaffen, die unter verschiedenen Voraussetzungen im Prüfgut wirksamen Zugkräfte in Form von Hysterese-Diagrammen darzustellen. Die normalerweise für die Zugkraftbestimmung verwendete kapazitiv wirksame Meßeinrichtung wurde hierbei durch eine piezoelektrische Meßanordnung ersetzt, deren Meßwertgeber eine sehr hohe Eigenfrequenz aufweist. Die Abb. 3 bringt eine Gesamtansicht des Prüfstandes.

Im Sinne der Aufgabenstellung wurde für eine verfügbare Frenzel-Hahn-Garnprüfmaschine auch eine Vorrichtung aufgebaut, die es möglich macht, Wechselbeanspruchungen auf einen laufend mit kleiner Geschwindigkeit bewegten Faden auszuüben. Die Anordnung gestattet Prüfungen mit konstanter Mitteldehnung und konstanter Wechseldehnung.

Für das Untersuchungsvorhaben erwiesen sich Prüfungen am fest eingespannten Faden und die hierbei erzielten Belastungsvorgänge aussagekräftiger. Das gab Veranlassung, die gewünschten Feststellungen über das Materialverhalten und die verschiedenen Einflußgrößen nur mit dem »Pulsograph« zu treffen.

5. Durchgeführte Untersuchungen

5.1 Wechselbeanspruchungen mit geringen Hubfrequenzen

Erste solche Untersuchungen über das Verhalten von Fasergarnen wurden mit dem statischen Zugprüfgerät »Statigraph« durchgeführt. Ein zugehöriges Steuergerät ermöglicht hierbei die Ausübung von Wechselbeanspruchungen nach verschiedenen Programmen zwischen Dehnungsgrenzen und mit konstanten Dehnungswerten. Bei den nachstehend behandelten Untersuchungen an einem Wollgespinst 36 tex, T/m 455, wurde, ausgehend von einer mittleren Prüfdauer von 20 s bis zum Eintritt des Fadenbruchs des hierbei vorgelegten Prüfgutes die Klemmengeschwindigkeit zu 13,5 cm/min gewählt. Sie war für Auf- und Abwärtsbewegung der Abzugsklemme gleich groß.

Im Sinne des Vorhabens war die Prüfung zwischen Kraftgrenzen bzw. zwischen einer vorgegebenen Höchstkraft und einer weitgehenden oder völligen Entlastung des in die Prüfstrecke eingebrachten Fadens von Interesse. Die Größe der auftretenden Fadendehnung ist dabei zunächst von den vorliegenden Kraft-Dehnungs-Eigenschaften des Ausgangsmaterials, bei nachfolgenden Kraftwechseln von den durch die während der Prüfung ausgeübten Zugkräfte bewirkten Veränderungen des Dehnungsverhaltens bestimmt.

Es galt aufzuzeigen, daß für die Neigung zum Auseinanderschleifen nicht die Höhe der ausgeübten maximalen Zugkräfte, sondern weitgehend die sich bei nachfolgenden Entlastungen abspielenden Vorgänge ausschlaggebend sind.

Mit den Abb. 4-6 werden Kraft-Längenänderungs-Diagramme und zugehörige Dehnungs-Zeit-Diagramme wiedergegeben, die bei solchen Prüfungen an dem Wollgespinst aufgenommen wurden.

Die Abb. 4 gilt für die Kraftgrenzen max. 150, min. 100 p und läßt erkennen, daß der in die Prüfstrecke eingebrachte Faden 310 Belastungszyklen erfahren hat, ehe Fadenbruch eingetreten ist.

Das Diagramm Abb. 5 wurde bei einer gleichartigen Prüfung, jedoch mit auf 20 p herabgesetzten unteren Kraftgrenzen aufgenommen. Obwohl die im Mittel pro Zeiteinheit ausgeübte Zugbeanspruchung hier niedriger liegt als bei dem vorangegangenen Versuch nach Abb. 4, ist festzustellen, daß der Bruch bereits nach 173 Kraftwechseln eintrat.

Die Abb. 6 schließlich bringt die Ergebnisse von Prüfungen, bei denen die Abzugsklemme mit jedem Wechselspiel bis zur Einspannlänge zurückgeführt wurde. Durch die Maximalkräfte bewirkte bleibende Längenänderungen haben zur Folge, daß der Faden in der Prüfstrecke zwischenzeitlich völlig spannungslos wird und locker durchhängt. Obwohl also bei gleicher Maximalkraft eine weitere Verminderung der insgesamt wirksamen Mittelkraft zu verzeichnen ist, mußte festgestellt werden, daß das Fadengefüge hierbei sehr rasch zerstört wird.

Die Diagramme wurden aus mehreren Einzelversuchen mit verständlicherweise stärker streuenden Meßwerten ausgewählt und können angenähert als repräsentativ gelten.

5.2 Einführung in die Prüftechnik mit dem »Pulsograph«

Mittelkraft und Hubweg der schwingenden Klemme müssen so aufeinander abgestimmt sein, daß die insgesamt auf das Prüfgut ausgeübte Dehnung kleiner ist als die Bruchdehnung. Bei kleinem Hub und großer Mittelkraft wird die Wechseldehnung durch die Fadenelastizität aufgenommen. Ein großer Hub bei kleiner Mittelkraft führt dagegen dazu, daß während eines Wechselspiels der Faden nur zeitweise unter Spannung steht und zwischenzeitlich völlig entlastet wird. Die auf ihn ausgeübte Dehnung ist dann kleiner als sie dem Weg der schwingenden Klemme entsprechen würde.

Bei einem ideal elastischen Material mit einem Kraft-Dehnungs-Verhalten, das einen geradlinigen Zusammenhang zwischen Kraft und Dehnung aufweist, lassen sich die Materialbeanspruchungen bei Änderung der Prüfbedingungen in anschaulicher Weise darstellen.

Für die Schaulinie – Abb. 7 –, gilt der Ordinatenmaßstab für die im Prüfgut wirksamen Zugkräfte. Bei der angenommenen Proportionalität zwischen Kraft und Dehnung kann dem Kraftmaßstab ein gleich unterteilter Dehnungsmaßstab für die Abszissenachse zugeordnet werden. Beide enden bei 100%, der Grenze, bei welcher Bruchkraft und Bruchdehnung erreicht sind.

Wird einer durch eine vorgegebene Mittelkraft bewirkten »Mitteldehnung« eine Wechseldehnung überlagert, dann kommt es zu einer dieser entsprechenden »Wechselkraft«. Dehnungs- und Kraftschwankungen erfahren größenmäßig keine Veränderung, wenn Mittelkraft und damit Mitteldehnung in Bereichen verändert werden, bei denen die Minimalwerte Null nicht unter- und die Maximalwerte 100% nicht überschreiten. Im letzteren Falle würde sonst Fadenbruch eintreten. Unterschreiten von Null bedeutet, daß die Wechseldehnung nicht mehr voll auf das Prüfgut ausgeübt wird und daß zwischenzeitlich eine völlige Entlastung (Verschlappung) eintritt. Die Zusammenhänge zwischen Größe der Mittelkraft und den bei einer vorgegebenen Wechseldehnung im »idealen« Prüfgut wirksamen maximalen und minimalen Zugkräften zeigt Abb. 8 auf. Werden solche Untersuchungen an Textilien durchgeführt, dann ist unter der Einwirkung der Zugkräfte mit plastischen, während der Prüfung gegebenenfalls zunehmenden Verformungen zu rechnen, die sich auf das Meßergebnis auswirken.

Für einschlägige Untersuchungen mit dem »Pulsograph« wurde ein geflochtener Polyamid-Faden ausgewählt, dessen Kraft-Dehnungs-Eigenschaften mit der aus Abb. 9 ersichtlichen Kraft-Längenänderungs-Kurve zum Ausdruck kommen. Nach Versuchsergebnissen, die sich bei der Überprüfung dieses Polyamid-Geflechtes ergaben, wurde das Kurvenschaubild Abb. 10 aufgetragen. Die Bestimmung der Kraftmaxima und -minima erfolgte hierbei mit einer kapazitiv wirksamen Kraftmeßeinrichtung und angeschlossenem technischen Schnellschreiber, wobei der zugehörige, die Fadenklemme tragende Kraftmeßkopf an der Waage des Prüfgerätes befestigt war (vgl. Abschnitt 4.3). Es zeigte sich eine gute Übereinstimmung mit der prinzipiellen Darstellung für ein ideal-elastisches Prüfgut nach Abb. 8.

Hierfür und für den geflochtenen Endlosfaden hat zu gelten, daß sich am zeitlichen Verlauf des Belastungsvorganges nichts bzw. nur wenig ändert, wenn unter Berücksichtigung der Materialeigenschaften für Mittelkraft und Hub keine extremen Werte gewählt werden.

Für Fasergarne liegen andere Voraussetzungen vor, sofern im Verlauf der Prüfung damit gerechnet werden kann, daß sich das Fasergefüge auflockert. Ein solcher Vorgang wird begünstigt, wenn bei jedem Wechselspiel nach der Kraftspitze eine weitgehende bzw. völlige Entlastung erfolgt, wobei den im Faserverband vereinigten Fasern Gelegenheit gegeben wird, sich neu zu orientieren.

Anschaulich lassen sich die Zusammenhänge zwischen

der Größe von Mittelkraft und Hubweg,
einer eintretenden Fadenverschlappung und
der Widerstandskraft gegenüber einer mit dem »Pulsograph« ausgeübten Wechselbeanspruchung

an Hand der Abb. 11 und 12 aufzeigen. Überprüft wurde ein Zellwollgespinst 20 tex.
Die Abb. 11 bringt zunächst die vom technischen Schnellschreiber der Kraftmeßeinrichtung aufgezeichneten Meßwerte. Daraus geht hervor, daß bei einem Hub von 20 mm und einer Mittelkraft von 50 p zwischenzeitlich die Kraft auf Null zurückgeht, der Faden also verschlappt. Die Kraftspitzen erreichen hierbei einen Wert von 160 p.
Bei Hubbewegungen der schwingenden Klemme von 10 und 2,5 mm wurde die Größe der Mittelkraft so gewählt, daß sich für die von der Meßeinrichtung angezeigte Maximalkraft wiederum 160 p ergaben. Bei 10 mm Hub war dazu eine Mittelkraft von 60 p, bei 2,5 mm eine solche von 120 p erforderlich. Hiermit liegen die Minimalkräfte bei bzw. wesentlich über Null, so daß der Faden in der Meßstrecke immer gestrafft bleibt.
Aus Abb. 12, welche für die mit dem Weggeber während der Prüfung ermittelten Längenzunahme gilt, geht hervor, daß durch Auflockerung des Faserverbandes begünstigt, Schleifererscheinungen bei großem Hub (20 bzw. 10 mm) trotz kleiner Mittelkraft (50 bzw. 60 p) früher, nämlich nach 1030 bzw. 2700 Belastungszyklen zum Bruch führen als bei kleinem Hub (2,5 mm) und einer relativ großen Mittelkraft (120 p). Hier widerstand der Faden insgesamt 28 000 Wechselspielen, und der Kurvenverlauf läßt erkennen, daß Fadenbruch eintrat, ohne daß es vorher zu Auflösungs- und langsam einsetzenden Schleifererscheinungen kam.
Die Überprüfung eines Polyester/Woll-Mischgespinstes (55/45) 21 tex ergab ein ähnliches Bild. Die Hubfrequenz betrug wiederum 10 Hz, der Hub wurde unverändert auf 5 mm und die Mittelkraft auf 20, 40, 80 und 100 p eingestellt.
Die Abb. 13 zeigt die mit der Kraftmeßeinrichtung aufgenommenen Diagramme. Bei einer Mittelkraft von 20 p wird danach der Faden zwischenzeitlich völlig entlastet, während er bei höheren Kraftwerten in der Prüfstrecke gestrafft bleibt und die ausgeübte Dehnung sofort durch seine Elastizität wieder aufholt.
Wie nach Abb. 12 erwartet werden konnte, ergibt sich auch hier, daß der straff gehaltene Faden trotz der größeren auf ihn einwirkenden Mittelkraft den Wechselbeanspruchun-

gen besser widersteht als ein Faden, der bei kleinerer Mittelkraft zwischenzeitlich weitgehend entlastet wird bzw. verschlappt, wobei Auflösungstendenzen begünstigt werden. Die Abb. 14 vermittelt nicht nur Zahlenwerte, sondern läßt auch erkennen, wie sich die unterschiedlichen Beanspruchungen des Fadenmaterials auf den Verlauf des Prüfvorgangs auswirken.

Umgedeutet für die Praxis ist dieser Feststellung zu entnehmen, daß bei Fadenspannungsmessungen mit einfachen trägheitsbehafteten Meßeinrichtungen gefundene Fadenspannungsmittelwerte noch keine Aussagen über das mutmaßliche Verhalten von Fasergarnen vermitteln. Sind den mittleren Fadenzugkräften Schwankungen überlagert, dann kann es auch bei relativ kleinen Mittelkräften zu Auflösungserscheinungen und als Folge davon zu Fadenbrüchen kommen, wobei die Art der Wechselbeanspruchung für das Materialverhalten von vorrangiger Bedeutung ist.

Wenn ein aufgelockerter Gespinstverband auseinandergezogen und Fadenbruch bewirkt werden soll, dann sind dazu natürlich auch gewisse Zugkräfte erforderlich. Es ist deshalb verständlich, wenn bei weiteren Versuchen an dem Polyester/Woll-Mischgespinst die aus Abb. 15 ersichtlichen Tendenzen zu beobachten waren. Verändert wurden Hub und Mittelkraft. Die Widerstandsfähigkeit des überprüften Fadenmaterials unter den hierdurch geschaffenen unterschiedlichen Prüfbedingungen wird deutlich erkennbar.

Ist die Mittelkraft sehr klein, fehlt es an Kräften, die eine Auflockerung herbeiführen und den in seiner Widerstandskraft geschwächten Faden auseinanderziehen, dann ist eine relativ hohe Zyklenzahl zu erreichen. Mit zunehmender Mittelkraft ergibt sich für alle angewandten Hubwege (Größe der Wechseldehnung) eine Verminderung der Widerstandsfähigkeit und ein entsprechender Rückgang der Zyklenzahl. Für kleinere elastisch auszugleichende Hub- bzw. Dehnungswerte (vgl. die Kurven für 5 und 7,5 mm Hubweg), ist bei größeren Mittelkräften und Vermeidung zwischenzeitlicher Entlastungen (Fadenverschlappung) ein Anstieg auf recht beachtliche Zyklenzahlen zu beobachten, bis hier ein Maximum überschritten wird und eine weitere Zunahme der Mittelkraft wieder einen Rückgang bringt.

Bei großen Hubwegen fehlt dieser Kurvenanstieg. Das ist damit zu erklären, daß die Fadendehnung je Belastungsspiel zu groß, die Bruchdehnung erreicht ist und Zugkräfte ausgelöst werden, die auch den noch nicht aufgelockerten Gespinstverband zum Bruch bringen.

Ob Fadenbruch durch Schleifererscheinungen oder durch zu hohe, die Reißkraft erreichende Zugkräfte bewirkt wurde, läßt sich durch Betrachten der Bruchstelle ermitteln. In dem Zusammenhang zeigt Abb. 16 Fadenbruchstellen von einem Zellwollgespinst, das einmal einem normalen statischen Zugversuch auf dem »Statigraph« unterworfen (16a), zum zweiten mit dem »Pulsograph« überprüft wurde (16b). Deutlich ist zu erkennen, daß in einem Fall durch Reißen der Einzelfasern eine glatte Bruchstelle entsteht, während sich bei Auflösungserscheinungen die Fasern an der Bruchstelle durch Schleifen (gegenseitiges Verziehen) voneinander trennen.

Die sich während eines Wechselspiels unter unterschiedlichen Bedingungen im Prüfgut abspielenden Vorgänge können mit Hilfe der im Abschnitt 4.3 behandelten und mit Abb. 3 dargestellten Prüfanordnung anschaulich aufgezeigt werden. Nach vorliegenden Oszillogrammen wurden die mit den Abb. 17 und 18 wiedergegebenen Diagramme aufgetragen. Sie lassen die abhängig von der Wechseldehnung und der Größe der Mittelkraft wirksamen Zugkräfte erkennen. Dabei gilt Abb. 17 für eine Prüfung mit konstantem Hubweg (10 mm) und einer von 10 auf 100 p gesteigerten Mittelkraft; Abb. 18 dagegen für eine von 10 auf 20 mm erhöhte Wechseldehnung bei einer konstant auf 40 p eingestellten Mittelkraft.

5.3 Auswirkungen verschiedener Fasereigenschaften auf die Widerstandsfähigkeit von Fasergarnen gegenüber Wechselbeanspruchungen

In weit stärkerem Maß als auf die Reißkraft wirken sich bestimmte Eigenschaften der im Gespinstverband vereinigten Fasern auf die Widerstandsfähigkeit gegenüber Wechselbeanspruchungen aus. Die durch die Garndrehung bewirkte Faserpressung erhöht sich beim statischen Zugversuch mit zunehmender Anspannkraft, so daß die einzelnen Fasern weitgehend gleichmäßig an der Kraftübernahme beteiligt werden. Es ergibt sich deshalb eine gute Substanzausnutzung auch dann, wenn kurzstapliges, grobtitriges und gleitend aviviertes Fasermaterial verwendet wird.

Andere Voraussetzungen liegen vor, wenn ein Fasergarn wechselnd Anspannvorgängen und nachfolgend Entlastungen ausgesetzt wird. Durch gegenseitiges Verschieben von Einzelfasern und von Faserpaketen sowie durch Bauscheffekte kommt es hierbei zu Auflockerungserscheinungen. Der enge Faserzusammenhalt wird gestört, und es ist dann mit relativ kleinen, weit unter der Reißkraft liegenden Zugkräften möglich, ein völliges Auflösen, das heißt Fadenbruch, herbeizuführen.

Bei einer solchen Beanspruchung werden weit mehr als bei einem einfachen statischen Zugversuch auf das Garnverhalten von Einfluß sein:

> Die Länge der in den Gespinstverband eingebrachten Fasern (Stapel),
> die Anzahl der Berührungspunkte (Faserfeinheit),
> eine gegenseitige Verhakung der Fasern (Kräuselung),
> die Faseroberflächenbeschaffenheit (Avivagen, Präparationsmittel).

Auch ist anzunehmen, daß im Gespinstverband aneinanderhaftende Einzelfasern sich leichter voneinander lösen, wenn sie unterschiedliche Kraft-Dehnungs-Eigenschaften, insbesondere in unteren Dehnbereichen, aufweisen. Bei Mischgespinsten ist also nicht nur bei statischen Zugversuchen eine gegenüber gleichartigen Gespinsten aus nur einer Faserkomponente eine niedrigere Substanzausnützung, sondern auch eine geringere Widerstandsfähigkeit gegenüber Wechselbeanspruchungen zu erwarten. Ein großer zusätzlicher Einfluß ist hier jedoch durch die Faseroberflächenbeschaffenheit gegeben. In den nachfolgenden Abschnitten werden die Ergebnisse von meßtechnischen Untersuchungen behandelt, welche der Klärung solcher Fragen dienten.

Bei der Auswertung der Pulsograph-Meßwerte wurde eine Gauß'sche Normalverteilung bei linearem Maßstab angenommen.

5.3.1 Faserlänge

Meßtechnische Untersuchungen über den Einfluß der Faserlänge kamen an Zellwollgespinsten zur Durchführung, für deren Herstellung zwei Fasertypen mit einer Feinheit von 2,4 dtex und 1,7 dtex Verwendung fanden. Der Nennstapel lag dabei im ersten Falle bei 40 und bei 60 mm. Die feineren Fasern wiesen eine Länge von 30 und von 50 mm auf.

Die gefundenen Ergebnisse sind auf Abb. 19 zusammen- und gegenübergestellt. Für die Ermittlung der Reißkraft und der Bruchdehnung kam das automatische Zugprüfgerät »Dynamometer Uster« zum Einsatz.

Für die Gespinste aus dem gröberen Fasermaterial ergab sich ein geringfügiger, statistisch nicht gesicherter Unterschied hinsichtlich der Reißkraft, wobei die größere Faserlänge etwas höhere Werte vermittelte. Deutlicher zeigt sich der Einfluß der Faserlänge auf die Reißkraft bei dem zweiten Fasermaterial.

Bei den für die Reißdehnung angegebenen Zahlenwerten ist zu beachten, daß das »Dynamometer Uster« hierfür keine ganz klaren Angaben vermittelt (vgl. hierzu Abschnitt 4.1).

Die rechts in der Abb. 19 aufgetragenen Schaulinien zeigen, welche Längenänderungen – abhängig von der Zyklenzahl – die verschiedenen Fadenmaterialien bei den mit dem »Pulsograph« ausgeübten wechselnden Zugbeanspruchungen bis zur völligen Auflösung des Gespinstverbandes (Fadenbruch) erfahren haben.

Gegenüber der in einer Größenordnung von 300 p liegenden Reißkraft wurde hierbei eine sehr kleine Mittelkraft (40 p) angewandt. Das Gerät ist mit einem Hub der schwingenden Klemme von 20 mm und einer Hubfrequenz von 10 Hz betrieben worden. Hierbei macht sich der Einfluß des Faserstapels sehr bemerkbar. Die bis zum Eintritt des Fadenbruchs auf das Prüfgut ausgeübte Zyklenzahl hat sich bei den Zellwollgespinsten aus den gröberen Fasern für die größere Faserlänge (60 gegenüber 40 mm) mehr als verdoppelt. Bei den Gespinsten aus den feintitrigeren Fasern steigt sie von nur 1500 (Faserlänge 30 mm) auf über 10 000 (Faserlänge 50 mm) an.

Bezüglich des Einflusses der Stapellänge kann hieraus gefolgert werden, daß sich diese beim statischen Zugversuch nur geringfügig, hinsichtlich der Widerstandsfähigkeit gegen Wechselbelastungen dagegen in einem sehr starken Maße auswirkt.

5.3.2 Faserfeinheit

Um hier einschlägige Feststellungen treffen zu können, wurde ein Polyester-Gespinst der Nummer 10 tex wahlweise aus Polyesterfasern mit einer Feinheit von 1,9 dtex und solchen von 1,4 dtex hergestellt. Der Nennstapel lag in beiden Fällen bei 40 mm.

Beim statischen Zugversuch zeigte das Gespinst aus den feineren Fasern die geringere Reißkraft (vgl. Abb. 20). Da ein solches Ergebnis nicht recht verständlich schien, sind zusätzlich zu den Festigkeitsprüfungen mit dem »Dynamometer Uster« auch noch gleichartige Untersuchungen mit einem automatischen Garnfestigkeitsprüfer »Statimat« zur Durchführung gekommen, der nach dem Prinzip der konstanten Verformungsgeschwindigkeit arbeitet. Hierbei fand sich eine Bestätigung der gemachten Beobachtungen. Für die gefundenen Ergebnisse gelten die gestrichelt eingetragenen Linien. Die Meßwerte für die Reißkraft zeigen hier zwar eine gleichartige Tendenz. Der Unterschied ist jedoch wesentlich größer.

Den Reißdehnungswerten sind keine Aussagen über die Auswirkungen der Faserfeinheit zu entnehmen.

Die Überprüfung mit dem »Pulsograph« brachte das erwartete Ergebnis. Im Gegensatz zur statischen Zugprüfung ist hier eine Erhöhung der Widerstandsfähigkeit gegenüber den Wechselbeanspruchungen für das Gespinst aus den feintitrigeren Fasern zu verzeichnen, was darauf zurückzuführen ist, daß diese eine größere Schmiegsamkeit aufweisen und sich demzufolge besser und fester aneinanderlegen und zudem mehr Berührungspunkte miteinander haben. Bezüglich weiterer Einzelheiten bleibt auf die in dem Diagrammblatt gemachten Eintragungen zu verweisen.

5.3.3 Faserkräuselung

Überlegungen, welche die Auswirkung der Faserkräuselung auf die Reißkraft und auf die Widerstandsfähigkeit gegenüber wechselnden Zugbeanspruchungen zum Gegenstand haben, werden sinngemäß zu der Annahme führen, daß Gespinste aus stärker gekräuselten und demnach nicht dicht und eng im Gespinstverband aneinanderliegenden

Fasern eine geringere Garnreißkraft aufweisen als solche aus glatterem Fasermaterial. Andererseits ist zu erwarten, daß durch Verhakung der Faserbögen ein besserer Zusammenhalt bei Wechselbeanspruchungen gegeben ist.

Die Abb. 21 bringt hierfür eine Bestätigung. Die statische Zugprüfung ergab für ein Gespinst aus Polyamidfasern die größeren Kraft- und Dehnungswerte bei einem wassergekräuselten gegenüber einem stauchgekräuselten Fasermaterial. Beim »Pulsograph« war dagegen umgekehrt festzustellen, daß das Gespinst aus den stauchgekräuselten Fasern die höhere Widerstandsfähigkeit aufwies.

5.3.4 Faserquerschnittsform

Für weitere Vergleichsversuche standen Gespinste zur Verfügung, zu deren Herstellung gleichartige Fasern Verwendung fanden, die sich jedoch hinsichtlich ihrer Querschnittsform voneinander unterscheiden.

Die bessere Haftung zwischen Fasern und Faserpaketen wird zweifellos für die glatten Rundfasern gegeben sein. Tatsächlich erbringt auch – wie sich aus Abb. 22 ergibt – der statische Zugversuch für das Gespinst aus Rundfasern mit einer mittleren Reißkraft von 2450 p höhere Werte als für das gleiche Garn aus dreieckförmigen Profilfasern (2080 p). Wegen der hohen Festigkeit wurde nur der »Statimat« eingesetzt.

Bei der Prüfung mit dem »Pulsograph« könnte, aus ähnlichen Erwägungen wie sie für die Faserkräuselung gelten, erwartet werden, daß die Profilfasern eine höhere Widerstandsfähigkeit vermitteln. Das wurde mit dem Prüfungsergebnis auch bestätigt (vgl. die rechten Schaulinien in Abb. 22), wobei jedoch zu gelten hat, daß der Unterschied gering und statistisch nicht gesichert ist.

5.3.5 Fasermischung

Für die beim statischen Zugversuch mit einem Gespinst zu erreichende Höchstkraft (Reißkraft) wird in einem starken Maße das Kraft–Dehnungs-Vermögen der im Verband vereinigten Fasern bestimmend sein. Dabei spielt die Größe der Faser-Reißkraft und -Reißdehnung jedoch nur eine untergeordnete Rolle. Wichtig ist es dagegen, daß die gemeinsam den Zugkräften unterworfenen Fasern gleiche Kraft–Dehnungs-Eigenschaften im unteren Dehnbereich aufweisen, damit sie sich gleichmäßig an der Lastübernahme beteiligen. Bezüglich weiterer Einzelheiten wird auf den in Abschnitt 8 »Literaturverzeichnis« aufgeführten Beitrag, H. STEIN, »Grundsätzliches zur Bündelfestigkeitsprüfung von Fäden und Fasern«, verwiesen.

Für die vorliegende Aufgabenstellung wurden durch Vorlage von je zwei Vorgarnspulen auf einer Versuchsspinnmaschine (Bauart Toenniessen) Baumwoll- und Zellwollgespinste 30 tex 620 T/m hergestellt. Gleichzeitig ist ein Mischgarn 50/50 gesponnen worden, in dem bei gleicher Einstellung der Versuchsspinnmaschine ein Baumwoll- und ein Zellwollvorgarn zur Vorlage kamen.

Die Abb. 23 läßt erkennen, daß sich die reinen Baumwoll- und Zellwollgespinste hinsichtlich der erzielten Reißkraft nur wenig voneinander unterscheiden. Die Reißdehnung liegt für das aus wesentlich dehnbareren Fasern erzeugte Zellwollgespinst verständlicherweise erheblich höher als beim Baumwollgespinst. Das Mischgespinst weist aus den vorgenannten Gründen eine stark verminderte Reißkraft auf. Die Reißdehnung liegt etwa in der Größe des Wertes für das Baumwollgarn.

Den mit dem »Dynamometer Uster« ermittelten Werten sind hier wieder die Ergebnisse einer statischen Zugprüfung mit dem »Statimat« gegenübergestellt.

Auf die Widerstandsfähigkeit der erzeugten Gespinste gegenüber Wechselbeanspruchungen wird sich die Struktur, die Oberflächenbeschaffenheit und das Kraft-Dehnungs-Verhalten der versponnenen Fasern gemeinsam auswirken. So ist es zu erklären, daß die reinen Zellwollgespinste eine sehr hohe Zyklenzahl überstehen, während das Baumwollgespinst bei im Mittel 1000 Zyklen auseinanderschleift. Aus zeitlichen Gründen sind die nacheinander vorgenommenen Einzelprüfungen bei Zellwolle jeweils nach 18 000 Wechselspielen abgebrochen worden.

Das Mischgespinst zeigte nicht den wegen stark unterschiedlicher Kraft-Dehnungs-Eigenschaften der miteinander vereinigten Fasern zunächst erwarteten Rückgang der Schleiffestigkeit. Die erreichte Zyklenzahl liegt etwa in gleicher Höhe wie beim Baumwollgespinst. Das wird auf das offenbar auch hier wirksame hohe Haftvermögen der im Gespinstverband enthaltenen Zellwollfasern zurückgeführt. Bemerkenswert scheint der beobachtete Kurvenverlauf, der in diesem Falle eine Stufe aufweist.

5.3.6 Spinnavivage

Um Chemiefasern eine für die Verarbeitung in der Spinnerei geeignete Oberflächenbeschaffenheit zu vermitteln, werden im Anschluß an den Herstellungsprozeß besondere Präparationsmittel (Avivagen) aufgebracht. Dabei gilt es einmal, dafür zu sorgen, daß eine gewisse »Gleitfähigkeit« gegeben ist, so daß sich die Verzugsvorgänge in den Zonen der verschiedenen zum Einsatz kommenden Streckwerke kontrolliert und gleichmäßig abspielen. Andererseits muß vermieden werden, daß der Zusammenhalt von den in Kannen abgelegten und auf Wickel aufgerollten Faserbändern zu gering wird, so daß es bei der Abnahme zu Abrissen und entsprechenden Produktionsstörungen kommt.

Haft-Gleit-Eigenschaften von Faserbändern und Vorgarnen werden entweder bei statischen Zugprüfungen oder auch bei Prüfungen am laufenden Faden mit dafür geeigneten Dehnungsprüfmaschinen ermittelt. Aus einer Versuchsreihe, bei der es galt, die Auswirkungen bestimmter Avivagemittel auf die Haft-Gleit-Eigenschaften, gleichzeitig aber auch auf die Eigenschaften daraus hergestellter Gespinste zu studieren, stammen die nachfolgenden Abb. 24–26. Eingesetzt wurde eine normale Zellwolle dtex 1,7/40. Angaben über die chemische Zusammensetzung der angewandten Avivagen und der Avivageauflagen in Prozent des Fasertrockengewichtes sind der nachstehenden Tabelle zu entnehmen.

Das vorbehandelte Fasermaterial wurde normal in einem Spinnereibetrieb verarbeitet. Die beim Überprüfen der unter gleichen Voraussetzungen erzeugten Flyergarne ermittelten Haft-Gleit-Eigenschaften – ausgewiesen als Haftlänge in Meter – sind aus Abb. 24 ersichtlich. In der Abszissenachse aufgetragene Positionsnummern lassen erkennen, welche Strichlinien den verschiedenen Spinnversuchen zuzuordnen sind. Bei der Wahl der Zahlenfolge wurden dabei das Materialverhalten bei der Ermittlung der Haft-Gleit-Eigenschaften und die Gespinsteigenschaften in der Weise berücksichtigt daß sich von links nach rechts betrachtet für Haftkraft der Vorgarne, Reibkraft, Reißkraft und Widerstandsfähigkeit gegenüber Wechselbeanspruchungen der Gespinste eine Zunahme für die einander folgenden Meßwerte ergibt.

Die ausgezogenen Linien in Abb. 24 gelten für den statischen Zugversuch, wobei eine Prüfstreckenlänge von 120 mm zur Anwendung kam. Die Strichlinien zeigen die bei einer Prüfung am laufenden Material mit einer Dehnungsprüfmaschine vom Typ »Dynagraph HG« (Fabr. Textechno) gefundenen Ergebnisse auf. Bei einer Prüfstreckenlänge von 500 mm und der andersartigen Materialbeanspruchung sind die aus

Tabelle

Spinnversuch Nr.	Kurzbezeichnung	Avivage		Auflage in % des Fasertrockengewichtes
		Lösung in H$_2$O	Chemische Zusammensetzung	
1	GN 100	transparent	anionaktiv (schwach sulfurierte Fettalkohol–Fettsäure-Ester)	0,20
2	GN 100-NW	transparent	gemischt-ionogen (schwach sulfurierte Ester) wie 1 mit nicht-ionogenem Zusatz	0,18
3	GN 50-E	milchig	anionaktiv (stärker sulfuriertes Fettsäure-Gemisch	0,24
4	GN 50-E/NW	milchig	gemischt-ionogen (stärker sulfuriertes Fettalkohol–Fettsäure-Gemisch mit nicht-ionogenem Zusatz)	0,22
5	GNOPOL-NW	transparent	gemischt-ionogen (verseifte Fettalkohol–Fettsäure-Ester mit nicht-ionogenem Zusatz)	0,20
6	GNOPOL-NW 2	milchig	gemischt-ionogen wie 5	0,20

Zugkraft und Gewicht des Prüfgutes ermittelten »Haftlängen« hierbei geringer als beim statischen Zugversuch. Die sich für die unterschiedliche Avivierung aufzeigenden Tendenzen haben jedoch den gleichen Charakter.

Eine unterschiedliche Oberflächenbeschaffenheit des Fasermaterials wird sich zweifellos auf das Reibverhalten daraus hergestellter Gespinste auswirken. Eine Bestätigung dieser Annahme bringt Abb. 25. In Form von Strichlinien werden hier die beim Einsatz der in Abschnitt 4.2 beschriebenen Reibkraft-Prüfeinrichtung gefundenen Meßwerte dargestellt. Die für die Spinnversuche nach der Haft–Gleit-Prüfung gewählte Reihenfolge ergibt auch in diesem Falle von links nach rechts betrachtet einen stetigen Anstieg der als Reibwert ermittelten Zahlen.

Aus den vorerwähnten Gründen (vgl. Abschnitt 2) wird sich wegen der durch die Drahtgabe und den Anspannvorgang beim statischen Zugversuch bewirkten Faserpressung die Faseroberflächenbeschaffenheit in einem nur geringen Maße auf die Reißkraft und die Reißdehnung auswirken. Zu verweisen bleibt hierzu auf die links aufgetragenen Strichdiagramme in Abb. 26.

Andere Voraussetzungen sind dagegen gegeben, wenn die unterschiedlichen Gespinste Wechselbeanspruchungen auf dem »Pulsograph« unterworfen werden. Hier zeigt sich, daß Avivagen, die größere Haftkräfte für Faserbänder und Vorgarne vermitteln, sich auch günstig auf die Widerstandsfähigkeit der Garne gegenüber Wechselbeanspruchungen auswirken. Für die Spinnversuche 5 und 6 waren nach Abb. 26 bei einer bis zur Auflösung des Gespinstverbandes geführten »Pulsograph«-Prüfung 12 200 und 8200 Zyklen erforderlich, während sich für den Spinnversuch 4 nur eine Zyklenzahl von 1000 ergab.

5.4 Gespinst- und Zwirndrehung

Der Zusammenhalt eines Gespinstverbandes wird durch die dem Gespinst erteilte Drehung vermittelt. Eine höhere Drahtgabe bewirkt eine stärkere Faserpressung und damit zusammenhängend eine Vergrößerung der Reißkraft. Zu beachten bleibt dabei allerdings, daß eine übermäßige Steigerung der Drehung zu kritischen Zuständen führt, dadurch, daß die außen befindlichen, sich um den Gespinstkern herumlegenden Fasern überbeansprucht werden.

Nach Erreichen einer von verschiedenen Faktoren abhängenden, für ein bestimmtes Gespinst charakteristischen kritischen Drehung wird deshalb keine weitere Zunahme der Reißkraft zu verzeichnen sein. Vielmehr tritt, weil der Faden »überdreht« wird, nunmehr ein Rückgang ein, und es scheint, sofern nicht besondere Effektgarne erzeugt werden sollen, wenig sinnvoll, im Hinblick auf die Reißkraft die Gespinstdrehung übermäßig hoch zu wählen.

Diese Überlegungen gelten für den statischen Zugversuch, wo die im Verlauf der Prüfung wirksam werdenden Anspannkräfte die Faserpressung erhöhen.

Solche Einflüsse sind für ein Gespinst oder auch für einen daraus hergestellten Zwirn bei der Prüfung mit dem »Pulsograph« nicht geltend zu machen. Es ist vielmehr anzunehmen, daß auch beim Überschreiten der kritischen Drehung eine Zunahme der Widerstandsfähigkeit gegenüber ausgeübten Wechselbeanspruchungen eintritt, selbst dann, wenn eine übermäßig hohe Drehung zur Anwendung kommt.

Einschlägige Untersuchungen kamen an Zellwollgespinsten, an Wollgespinsten, außerdem an Wollzwirnen zur Durchführung. Die hierbei gefundenen Ergebnisse sind aus den Abb. 27–29 ersichtlich. Zusammenfassend dazu ist festzustellen, daß sich für Zellwollgespinste 30 tex mit 495, 560 und 605 Drehungen/m keine größeren Unterschiede bezüglich der beim statischen Zugversuch ermittelten Reißkraft- und der Dehnungswerte ergeben (vgl. Abb. 27).

Sehr groß ist dagegen die in den unterschiedlichen Zyklenzahlen zum Ausdruck kommende Widerstandsfähigkeit gegenüber Wechselbeanspruchungen, die hier von 990 für das mit 495 Drehungen/m hergestellte Gespinst auf ca. 7980 für das Gespinst mit 605 Drehungen/m anwachsen.

Damit übereinstimmende Tendenzen zeigen gemäß Abb. 28 die Versuche an dem Wollgespinst, welches bei einer Garnnummer von 36 tex mit 407 und 455 Drehungen/m ausgesponnen wurde. Während Reißkraft und Reißdehnung nur geringfügig anwachsen, sind bei der »Pulsograph«-Prüfung erhebliche Unterschiede zu verzeichnen.

Um zu zeigen, daß vorwiegend für Gespinste getroffene Feststellungen auch für Zwirne Geltung haben, wurden schließlich einschlägige Untersuchungen an Wollzwirnen durchgeführt. Dabei kamen Gespinste 21 tex mit 600 Drehungen/m Z zur Vorlage. Gezwirnt wurde wechselnd mit 300 und 500 Drehungen/m, wobei wahlweise S- und Z-Drehungen zur Anwendung kamen. Bezüglich weiterer Einzelheiten bleibt auf die mit Abb. 29 wiedergegebenen Diagramme zu verweisen.

5.5 Veränderung des Garnverhaltens durch Nachbehandlung

Befeuchten und/oder Erhitzen wird bewirken, daß sich – veranlaßt durch auftretende Krumpf- und Schrumpfeffekte – die in einem Gespinstverband vereinigten Fasern neu zu orientieren versuchen. Das führt zu Auflockerungserscheinungen, sofern hierzu eine Möglichkeit gegeben ist.

Bei einem fest auf einem Spulenkörper aufgewundenen und dadurch straff gehaltenen Gespinst wird eine Faser, die zu Krumpferscheinungen neigt, kaum Gelegenheit haben, sich zu verschieben bzw. zu verlagern und andere Berührungspunkte mit benachbarten Fasern zu finden. Es ist deshalb anzunehmen, daß Netzen, Dämpfen, Naß- und Kochbehandlungen in einem solchen Falle keinen wesentlichen Einfluß auf die Gespinsteigenschaften nehmen können, wenn der Spulenkörper anschließend an eine solche Behandlungsmethode getrocknet und dem Raumklima wieder angeglichen wird. Andere Verhältnisse und Voraussetzungen liegen vor, wenn die Garnbehandlung in einem lockeren Zustand (Strangform, evtl. auch weichgewickelte Kreuzspulen) vorgenommen wird und hierbei Fasern und Gespinsten Gelegenheit gegeben ist, gewisse Längenänderungen zu erfahren.

Von solchen Überlegungen ausgehend, scheinen die in den nachfolgenden Kapiteln 5.5.1 und 5.5.2 getroffenen Feststellungen verständlich.

5.5.1 Benetzen

Mit Abb. 30 wird gezeigt, wie sich die bei statischen Zugversuchen und Prüfungen mit dem Pulsographen ermittelten Materialeigenschaften verändern, wenn ein normales Kammgarngespinst

> auf dem Cop benetzt und getrocknet,
> in Strangform überführt und im praktisch spannungslosen Zustand benetzt und wieder getrocknet wird.

Hinsichtlich der bei statischen Zugversuchen ermittelten Reißkraft- und Reißdehnungswerte sind keine wesentlichen Veränderungen zu beobachten. Auch Prüfungen mit dem »Pulsograph« zeigen für das Ausgangsmaterial und das auf dem Cop benetzte und anschließend in Copform getrocknete Fadenmaterial keine bemerkenswerten Unterschiede.

Von Interesse ist jedoch das Verhalten des in Strangform behandelten Wollgespinstes. Dieses weist jetzt eine wesentlich geringere Widerstandsfähigkeit gegenüber den mit dem »Pulsograph« ausgeübten Wechselbeanspruchungen auf. Das kann nur damit erklärt werden, daß Krumpfeffekte in einzelnen Fasern bei lose geführtem Gespinst Auflösungserscheinungen verursacht haben, durch welche die Schleifererscheinungen begünstigt werden.

5.5.2 Färben

In verschiedenen Versuchsreihen wurden die mit Abb. 31 dargestellten Prüfergebnisse ermittelt. Sie gelten für ein Polyester/Wolle-Mischgespinst. Gegenübergestellt wird das Verhalten des Ausgangsmaterials mit dem des in Kreuzspulform im HT-Verfahren gefärbten Garnes.

Offenbar ist bei der Heißbehandlung ein Verfilzen der im Gespinstverband vereinigten Fasern eingetreten. Dies führt jedoch nicht zu einer Erhöhung der Gespinstfestigkeit. Vielmehr ist festzustellen, daß das behandelte Material gegenüber dem Ausgangsmaterial einen Rückgang der Reißkraft aufweist. Nach den Ergebnissen anderweitig durchgeführter Untersuchungen kann angenommen werden, daß durch den Färbeprozeß Faserschädigungen und Veränderungen der Kraft-Dehnungs-Eigenschaften eingetreten sind, die sich auf das Zugverhalten der Gespinste in der aufgezeigten Weise auswirken.

Bei den statischen Zugprüfungen wurde auch in diesem Falle zusätzlich zum »Dynamometer Uster« das nach dem Prinzip der konstanten Verformungsgeschwindigkeit arbeitende Zugprüfgerät »Statimat« eingesetzt. Die ermittelten Meßwerte (ausgezogen »Dynamometer Uster« – gestrichelt »Statimat«) zeigen in diesem Falle eine gute Übereinstimmung.

Für die Widerstandsfähigkeit bei wechselnden Zugkraft-Beanspruchungen sind andere Überlegungen maßgebend. Hierbei erweist sich nach den aufgenommenen Diagrammen das gefärbte Fadenmaterial als überlegen. Aus einer größeren Anzahl von Einzelversuchen wurden unter den in Abb. 31 aufgegebenen Versuchsbedingungen die für das Ausgangsmaterial im Mittel erreichte Zyklenzahl mit 2650, für das gefärbte Material dagegen mit 7650 errechnet.

6. Zusammenfassung

Bei statischen Zugversuchen gefundene günstige Werte für Reißkraft und eine hierbei festgestellte gute Gleichförmigkeit gewährleisten nicht unbedingt auch eine geringe Fadenbruchzahl bei der Weiterverarbeitung. Ist hier mit in der Größe wechselnden Zugbeanspruchungen zu rechnen, dann besteht auch bei einer relativ kleinen, mit einfachen Meßgeräten bestimmten mittleren Fadenspannung die Gefahr, daß der Gespinst-(Zwirn-)verband aufgelockert wird und auseinanderschleift.

Während beim Zugversuch die Faserfestigkeit und die durch Zugkraft und Drehung vermittelte Faserpressung ausschlaggebend für die bei einem Fasergarn zu erzielenden Reißkraftwerte sind, spielen beim Einwirken von Wechselbeanspruchungen ganz andere Faktoren eine maßgebliche Rolle.

Dem vorliegenden Forschungsvorhaben war die Aufgabe gestellt, bestehende Zusammenhänge aufzuzeigen bzw. zu ermitteln, wieweit die Widerstandsfähigkeit eines Fasergarnes von der Art der Wechselbeanspruchung, den Eigenschaften der versponnenen Fasern und von der Gespinst- bzw. Zwirnkonstruktion bestimmt sind.

Die Ergebnisse der meßtechnischen Untersuchungen an ausgewählten Fadenmaterialien werden nachfolgend zusammenfassend aufgezeigt.

Mit dem Einsatz eines nach verschiedenen Programmen selbsttätig zu steuernden Zugprüfgerätes wurde zunächst in Diagrammform dargestellt, was sich in einem Fasergarn (Wollgespinst) abspielt, wenn dieses wechselnd zwischen Höchst- und Tiefstwerten beansprucht wird.

Für weitere meßtechnische Untersuchungen kam ein Gerät zum Einsatz, bei welchem das Prüfgut mit unterschiedlichen Hubfrequenzen und einer vorgegebenen Mittelkraft einstellbaren Wechseldehnungen unterworfen werden kann. Eine solche Materialbeanspruchung entspricht weitgehend den sich beim Weben in den einzelnen Kettfäden abspielenden Vorgängen. Zusatzeinrichtungen ermöglichen dabei eine fortlaufende Registrierung der während der Prüfung eintretenden Materiallängung und der im Prüfgut wirksamen Zugkräfte auch bei Anwendung relativ hoher Frequenzen für die Wechseldehnung. Es wird die Problematik solcher Wechselbeanspruchungen aufgezeigt und erläutert, unter welchen Voraussetzungen es bei Fasergarnen zu ausgesprochenen Schleifererscheinungen kommt.

Feststellungen über die Auswirkungen verschiedener Fasereigenschaften auf das Verhalten der Garne gegenüber statischen und wechselnden (dynamischen) Zugbeanspruchungen zeigten folgende Ergebnisse:

> Mit zunehmender Faserlänge erhöht sich die Reißkraft geringfügig, während die Widerstandsfähigkeit gegenüber Wechselbeanspruchungen stark anwächst.
>
> Bei unterschiedlicher Faserfeinheit zeigten untersuchte Gespinste aus synthetischen Fasern für den feineren Titer einen geringen Reißkraftabfall, aber eine erhöhte Schleiffestigkeit.
>
> Untersuchungen über die Auswirkung einer unterschiedlichen Faserkräuselung ergaben eine geringere Reißkraft und eine erhöhte Widerstandsfähigkeit gegenüber Wechselbeanspruchungen für die Gespinste aus dem stärker gekräuselten Fasermaterial.
>
> Rundfasern vermitteln daraus hergestellten Gespinsten eine höhere Garnfestigkeit gegenüber solchen aus Profilfasern. Hinsichtlich der Schleiffestigkeit war eine umgekehrte Tendenz festzustellen. Die Unterschiede blieben jedoch gering.
>
> Die Reißkraft eines Mischgespinstes aus Fasern praktisch gleicher Festigkeit und Länge, aber stark unterschiedlicher Dehnung (Baumwolle/Zellwolle) erreicht nicht die Werte der aus den einzelnen Faserkomponenten hergestellten reinen Gespinste. Bei der Widerstandsfähigkeit gegenüber Wechselbeanspruchungen spielen maßgeblich auch andere Faktoren – wie Faserstruktur und Oberflächenbeschaffenheit bzw. die aufgebrachten Präparations-(Avivage-)mittel – eine Rolle.
>
> Eine durch Avivagemittel erzielte Erhöhung der Haftkraft von Zellwollfaserbändern und Vorgarnen wirkt sich nur geringfügig auf die Reißkraft der Gespinste, in starkem Maße aber auf deren Schleiffestigkeit aus.

Mit der durch Drallerhöhung gesteigerten Faserpressung wächst die Widerstandsfähigkeit von Fasergarnen und Zwirnen gegenüber wechselnd ausgeübten Zugbeanspruchungen, während die Reißkraft hierdurch nur wenig beeinflußt wird.

Für ein untersuchtes Wollgespinst ergab sich, daß ein Benetzen des Materials in Copform nach anschließendem Trocknen und Angleichen an das Normalklima zu keinen nachweisbaren Veränderungen hinsichtlich Reißkraft, Reißdehnung und Schleiffestigkeit führen. Benetzen und Trocknen in lockerer Strangform hat dagegen eine erhebliche Minderung der Widerstandsfähigkeit gegenüber Wechselbeanspruchungen zur Folge.

Ein Polyester-Woll-Gespinst zeigte nach dem Färben eine verminderte Reißkraft, aber eine stark erhöhte Schleiffestigkeit.

7. Danksagung

Der Aufbau der Prüfeinrichtung, die Durchführung der meßtechnischen Untersuchungen, die Auswertung und die Zusammenstellung der Ergebnisse wurde durch eine vom Landesamt für Forschung des Landes Nordrhein-Westfalen gewährte finanzielle Beihilfe ermöglicht. Hierfür und für die Unterstützung, die das Institut durch die Firmen

> W. Dilthey & Co., Mönchengladbach-Rheindahlen,
> Gesellschaft für Fett- und Ölraffination, Hamburg,
> Glanzstoff AG, Obernburg,
> Tuchfabrik Rheinland, Mönchengladbach

erfahren hat, welche Versuchsmaterial – dabei insbesondere für diesen Zweck geeignete Gespinste mit charakteristischen Merkmalen und Eigenschaften – bereitstellten, sei an dieser Stelle gedankt.

Außer den Verfassern waren mit der Durchführung der Arbeiten und der Berichterstattung die Laborantinnen E. Feike und K. Wallas beschäftigt.

8. Literaturverzeichnis

Adamson, J., C. Caswell, J. Ingham und J. B. Sharp, (Untersuchung über den Zustand der Fasern bei einem Fadenbruch während des Spinnens.) Textile Manuf. (1960), S. 231.

Alexejew, K. G., Über die Deformation des Kettfadens bei wiederholter Belastung. Faserforschung und Textiltechnik 3 (1952), S. 284–289.

Barella, A., Nueva contribución al estudio de la resistencia a la abrasión de los hilos de estrambre. Invest. e. Inf. Textil 4 (1961), S. 201–211.

Barella, A., und A. Sust, Contribución al estudio del comportamiento de los hilos de lana sometidos simultaneamente a esfuerzos de tratamiento y extensiones repetidas. Invest. e. Inf. Textil 5 (1962), S. 303–314.

Barella, A., Die Anwendung der Weibull-Verteilung auf Ermüdungseigenschaften textiler Materialien. Textilindustrie 68 (1966), S. 495–501.

Bauer, A., und F. Winkler, Dynamische Zugprüfung von Fäden, I Die Versuchseinrichtung. Faserforschung und Textiltechnik 15 (1964), S. 248–253, 4 Literaturhinweise.

Bauer, A., und F. Winkler, ..., II Eine Systematik des Elastizitätsmoduls. Faserforschung und Textiltechnik 15 (1964), S. 433–511, 39 Literaturhinweise.

Bauer, A., und F. Winkler, ..., III Der dynamische Elastizitätsmodul von Reifencord. Faserforschung und Textiltechnik 16 (1965), S. 185–190, 42 Literaturhinweise.

Bauer, A., und F. Winkler, ..., IV Die Hysteresisschleife. Faserforschung und Textiltechnik 16 (1965), S. 304–312, 68 Literaturhinweise.

Bauer, A., und F. Winkler, ..., V Die Dämpfung. Faserforschung und Textiltechnik 16 (1965), S. 382–387, 32 Literaturhinweise.

Bauer, A., und F. Winkler, ..., VI Phasenwinkel und Verlustwinkel. Faserforschung und Textiltechnik 16 (1965), S. 456–463, 22 Literaturhinweise.

Bauer, A., und F. Winkler, ..., VII Genauigkeitsbetrachtungen zum Phasenwinkel. Faserforschung und Textiltechnik 16 (1965), S. 534–540, 4 Literaturhinweise.

Borodowsky, Zur Frage der Widerstandsfähigkeit textiler Materialien. Faserforschung und Textiltechnik 3 (1952), S. 146–154.

Borodowskij, M. S., Über die Möglichkeit der Erhöhung der Webstuhlproduktion im Lichte der Theorie des Dauerwiderstandes der Garne. Textil-Praxis 10 (1955), S. 32–38.

Böhringer, H., Ermüdungserscheinungen bei Textilien. Faserforschung und Textiltechnik 11 (1960), S. 66–73.

Bröckel, G., Die Messung der Kettfadenspannung am laufenden Webstuhl über den gesamten Kettverlauf in Abhängigkeit von verschiedenen Stuhleinstellungen und ihre Auswirkungen. Mitteilung des Deutschen Forschungsinstitutes für Textilindustrie Reutlingen-Stuttgart, Diss. Stuttgart 1961.

Dischka, G., (Ermüdungsuntersuchungen an Textilien mit Dauerbeanspruchung und wiederholter Beanspruchung.) Acta techn. Acad. Sci. hung. 14 (1956), S. 79–93.

Dischka, G., und T. Hajmásy, Die Bestimmung der Ermüdungskennzeichen an Geweben mittels Dauerwechselbeanspruchung im höheren Frequenzbereich. Faserforschung und Textiltechnik 9 (1958), S. 285–296.

DISCHKA, G., und T. HAJMÁSY, Bestimmung des dynamischen Elastizitätsmoduls an Fasern mittels erregten Longitudinalschwingungen. Reyon, Zellwolle u. a. Chemiefasern 10 (1960), S. 162–168.

DUBACH, P., Die Bestimmung der theoretischen Kettfadenbruch-Anfälligkeit von Garnen. Textil-Praxis 13 (1958), S. 899–902.

ERKENS, A., Auswirkung von Wechselbelastungen auf den Zusammenhalt der Fasern im Gespinst. Zeitschrift f. d. ges. Textilindustrie 70 (1968), S. 710–712.

FRENZEL, W., und W. KITTELMANN, Reifencordprüfung. Faserforschung und Textiltechnik 8 (1957), S. 222–230.

HANNAH, M., und S. RODDEN, Variance-Length Relations in a Yarn with Restricted variation in Fibre Position. J. Textile Inst. 47 (1956), S. T 402–412.

HAJMASSY, T. (Ref. v. F. WINKLER), Prüfung von Wollfasern auf wiederholte Belastung. Faserforschung und Textiltechnik 5 (1954), S. 253–255.

HEIMERAN, O., Über die Dehnungsänderung von Zellwoll- und Baumwollfäden in der Weberei. Melliand Textilberichte 28 (1947), S. 81–84 und 119–121.

HOFFMANN, W., Beschreibung eines Meßplatzes für dynamische Fadenprüfung. Faserforschung und Textiltechnik 11 (1960), S. 433–443.

KAINRADL, P., und F. HÄNDLER, Die dynamischen Prüfmethoden für Reifencord. Faserforschung und Textiltechnik 11 (1960), S. 408–427.

KEMMNITZ, G., Graphische Auswertung der Hysterese von Hochpolymeren. Faserforschung und Textiltechnik 11 (1960), S. 457–463.

KEMMNITZ, G., Die graphische Auswertung der Hysteresisschleife. Untersuchung der Anlaufvorgänge. Faserforschung und Textiltechnik 12 (1961), S. 113–118 und 149–156.

KEMMNITZ, G., Berechnung der Verlustarbeit einer Hysteresisschleife für eine nichtlineare Beanspruchung. Faserforschung und Textiltechnik 12 (1961), S. 289–293.

LÜNENSCHLOSS, J., Die schlagartige Festigkeitsbeanspruchung und ihre Untersuchung bei verstreckten Textilfäden. Textil-Praxis 16 (1961), S. 182–187 und 282–290.

MESKAT, W., und O. ROSENBERG, Prüfmethoden an Faserstoffen, in: H. A. STUART, Die Physik der Hochpolymeren, IV Band, Berlin, Göttingen, Heidelberg, Springer 1956.

NEUMANN, H., Untersuchungen an Reifencord unter dynamischer Zugwechselbeanspruchung. Faserforschung und Textiltechnik 11 (1960), S. 444–456.

MIECK, K. P., und H. STÖVER, Über einige Ergebnisse statischer und dynamischer Cordprüfungen. Faserforschung und Textiltechnik 13 (1962), S. 502–511.

MILOVIDOV, Zum Problem der Faserermüdung bei wiederholtem Dehnen von Baumwollgarnen. Sowjet. Beiträge zur Faserforschung und Textiltechnik. Übersetzung aus: Izv. vyssich uč. Zav. rechnol. tekstil Prom. 3 (1964), (40), S. 14–18.

SCHWARZ, E. R., Fiber Placement. Amer. Dyestuff Rep. 43 (1954), S. P 589–591.

SHORTER, S. A., The Elements of a Unified Theory of Yarn Structure and Strength. J. Textil Inst. 48 (1957), S. T 99–108.

SOKOLOV, G. V., Die Lage der Fasern im Gespinst bei seiner Drehung. Faserforschung und Textiltechnik 9 (1958), S. 143–145.

STEIN, H., Grundsätzliches zur Bündelfestigkeitsprüfung von Fäden und Fasern. Zeitschrift f. d. ges. Textilindustrie 67 (1965), S. 611–618.

STEIN, H., und A. ERKENS, Auswirkung der Avivierung von Zellwollfasern auf die Bandhaftung und die Gespinstfestigkeit. Zeitschrift f. d. ges. Textilindustrie 67 (1965), S. 869–878.

STEIN, H., Ermittlung der Kraft-Dehnungs-Eigenschaften von Fasern und Fäden. Spinner, Weber, Testilveredlung 80 (1962), S. 506–513.

WASILJTSCHENKO, W. N., Über die erforderliche Widerstandsfähigkeit der Kettfäden gegen Wechselbeanspruchungen. Textil-Praxis 13 (1958), S. 478–480, (nach Textiljnaja Promyschlennostj H. 12 (1955), S. 33–36).

WEGENER, W., Beanspruchung von Garnen nach dem Prinzip der gleichmäßig zunehmenden Belastung bei gleichzeitiger überlagerter Wechselbeanspruchung. Melliand Textilberichte 33 (1952), S. 338–342.

WEGENER, W., Der dynamische Dauerstandsversuch und seine Auswertung. Melliand Textilberichte 34 (1953), S. 640-641 und 742–745, 13 Literaturhinweise.

Wegener, W., und W. Falch, Dynamische Daueruntersuchungen an Reifencord. Reyon, Zellwolle u. a. Chemiefasern 33 (1955), S. 542–550 und 613–618, 41 Literaturhinweise.

Wegener, W., Festigkeits- und Formänderungseigenschaften, in: E. Siebel, Handbuch der Werkstoffprüfung, 5. Band, Die Prüfung der Textilien, Berlin, Göttingen, Heidelberg, Springer 1960.

Winkler, F., Prüfung von Wollfasern auf wiederholte Belastung. Faserforschung und Textiltechnik 5 (1954), S. 253–255.

Winkler, F., Systematik der dynamischen Prüfverfahren für hochpolymere Festkörper, I Dauerwechselprüfungen von Textilien. Faserforschung und Textiltechnik 9 (1958), S. 109–117, 63 Literaturhinweise.

Winkler, F., ..., II Verallgemeinerung der Systematik. Faserforschung und Textiltechnik 9 (1958), S. 476–484, 2 Literaturhinweise.

Winkler, F., ..., III Die Verfahren der Dauerwechselzugprüfung. Faserforschung und Textiltechnik 10 (1959), S. 75–83, 154 Literaturhinweise.

Anhang

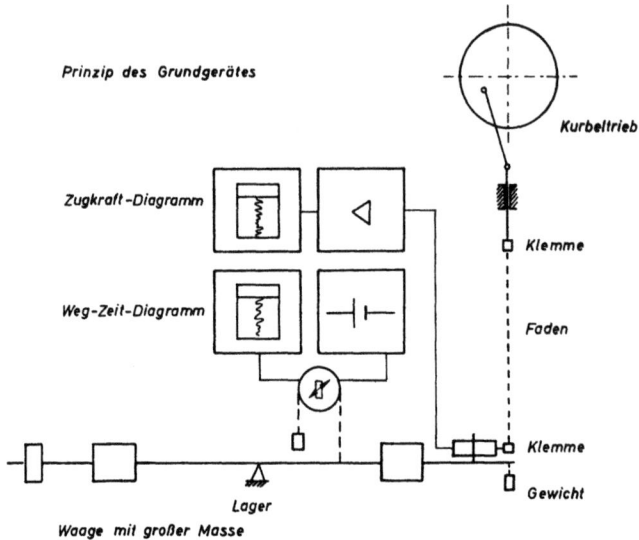

Abb. 1 Prüfgerät für dynamische Dauerversuche „Pulsograph"

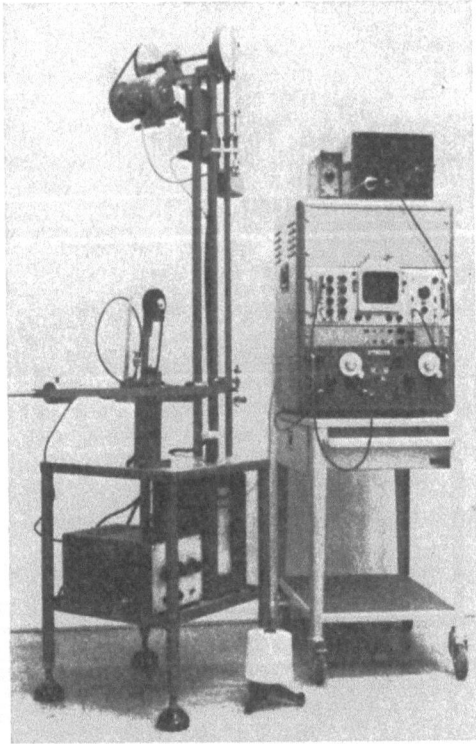

Abb. 2 Meßstrecke mit eingespanntem Prüfgut

Abb. 3 „Pulsograph" mit piezoelektrischem Zugkraftmesser, photoelektrischem Weggeber und Kathodenstrahl-Oszillograph

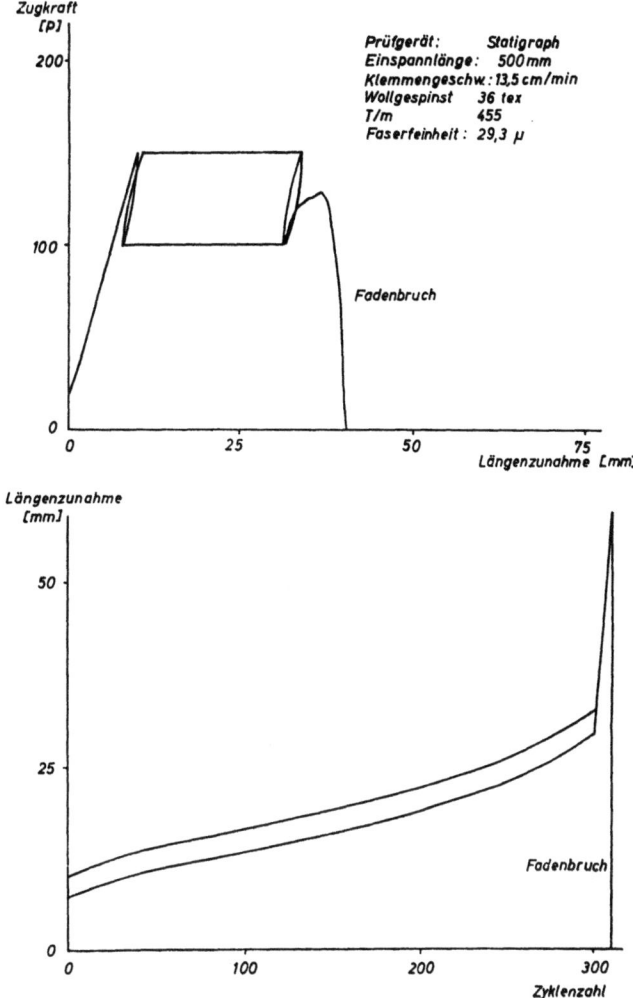

Abb. 4   Wechselbeanspruchung zwischen hohen Zugkräften

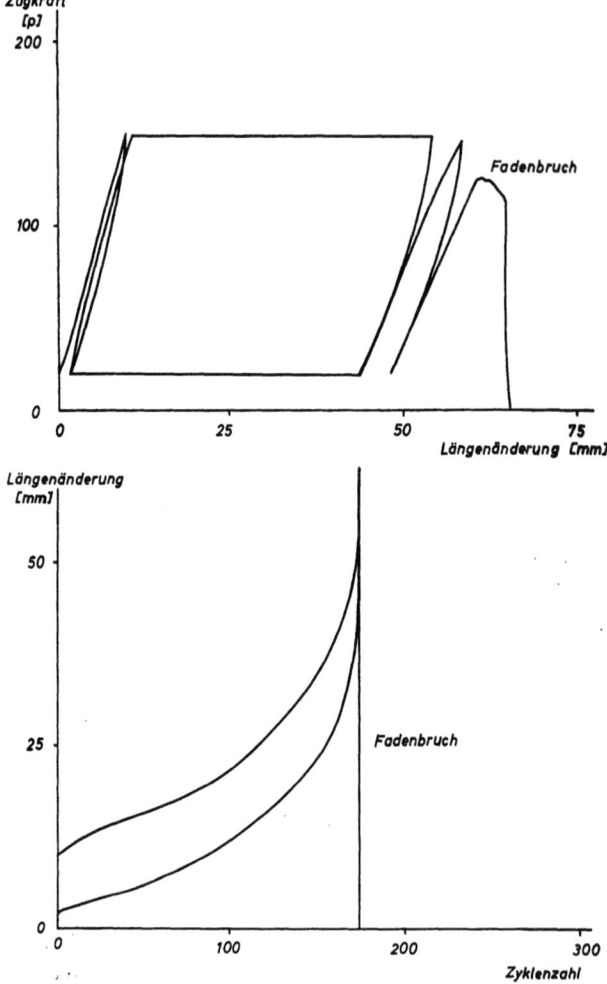

Abb. 5 Wechselbeanspruchung zwischen hohen und niedrigen Zugkräften

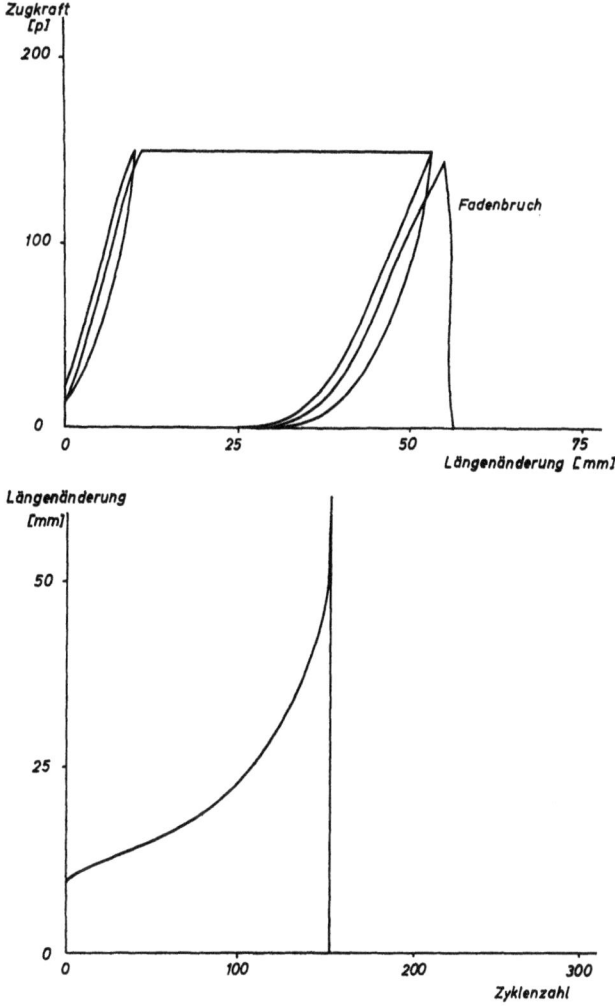

Abb. 6 Wechselbeanspruchung zwischen einer vorgegebenen Zugkraft und völliger Entlastung

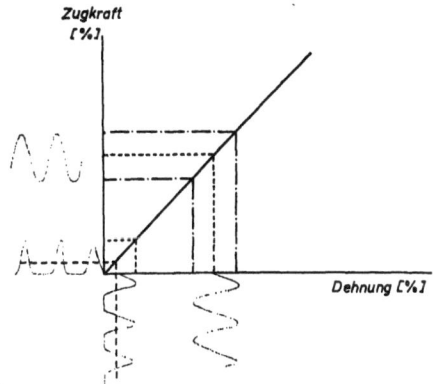

Abb. 7 Zusammenhänge zwischen Kraft und Wechseldehnung

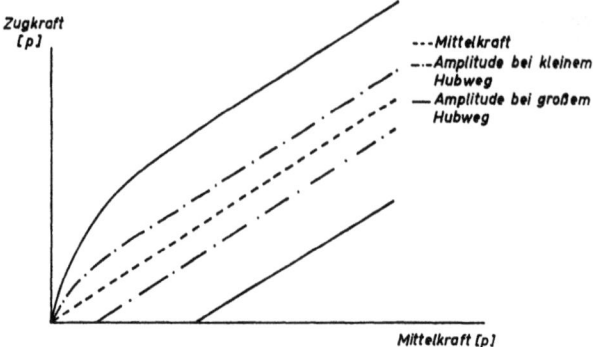
Abb. 8   Zugkräfte in Abhängigkeit von Mittelkraft und Hubweg

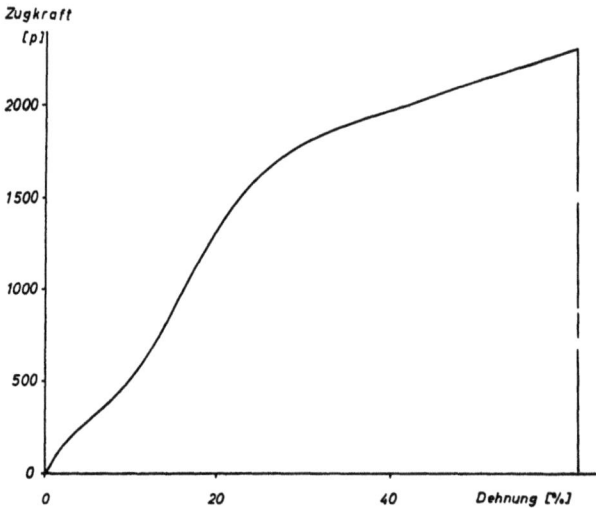
Abb. 9   Kraft-Längenänderungs-Kurve eines geflochtenen Polyamidfadens 56 dtex

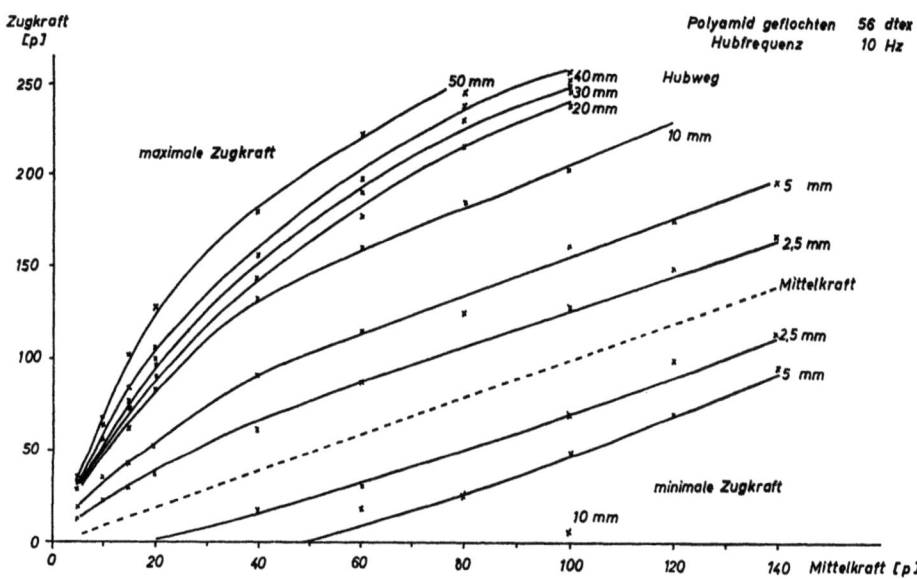
Abb. 10   Zugkräfte bei Wechselzugbeanspruchung in Abhängigkeit von Mittelkraft und Hubweg

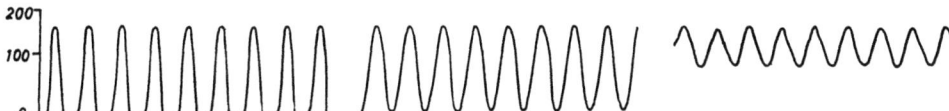

Abb. 11 Fadenzugverlauf bei konstanter Maximalkraft und verändertem Hubweg
— Zellwolle 20 tex — (T/m 720)

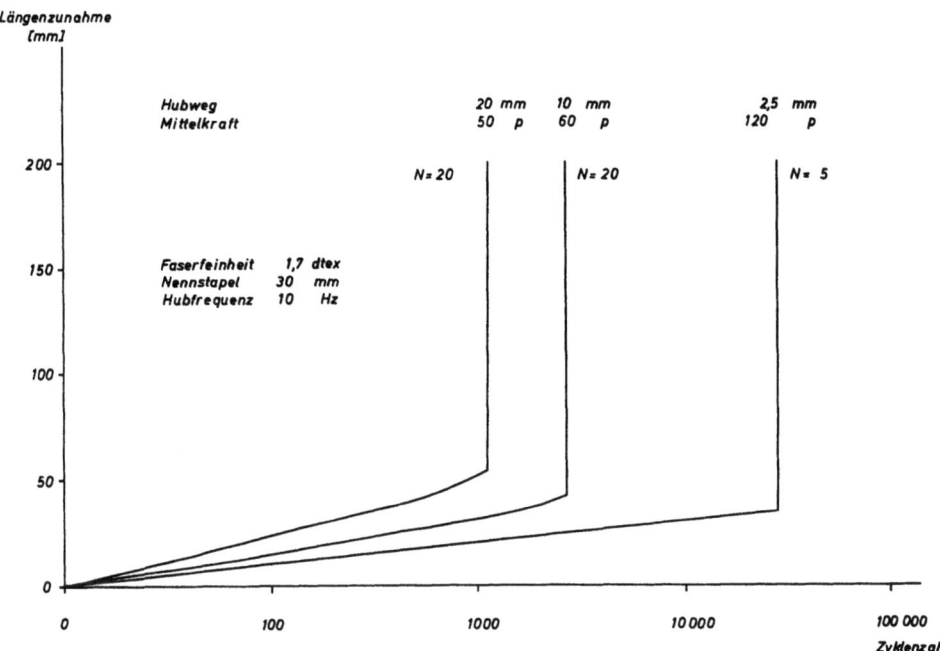

Abb. 12 Widerstandsfähigkeit gegenüber Wechselzugbeanspruchungen nach Abb. 11
— Zellwolle 20 tex — (T/m 720)

Abb. 13 Fadenzugverlauf bei veränderter Mittelkraft und konstantem Hubweg
— 55 Polyester/45 Wolle 21 tex — (T/m 555)

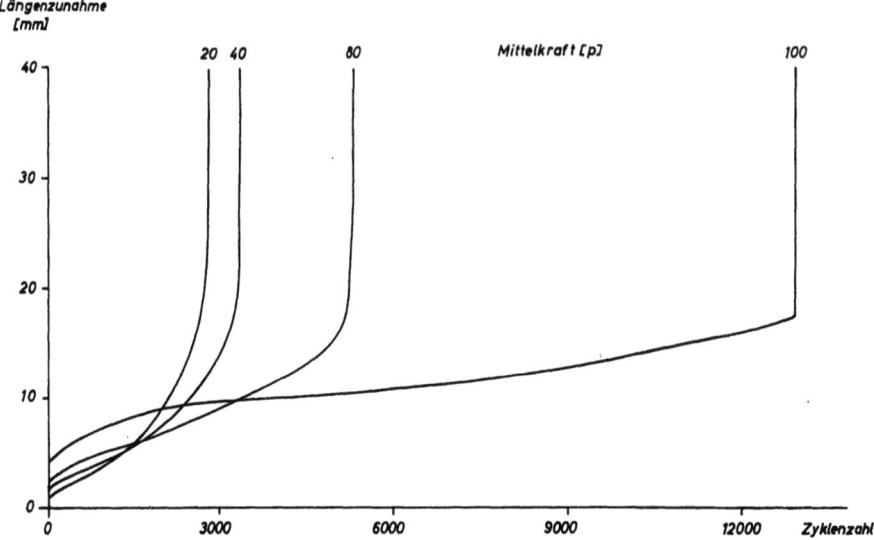

Abb. 14 Widerstandsfähigkeit gegenüber Wechselzugbeanspruchungen nach Abb. 13

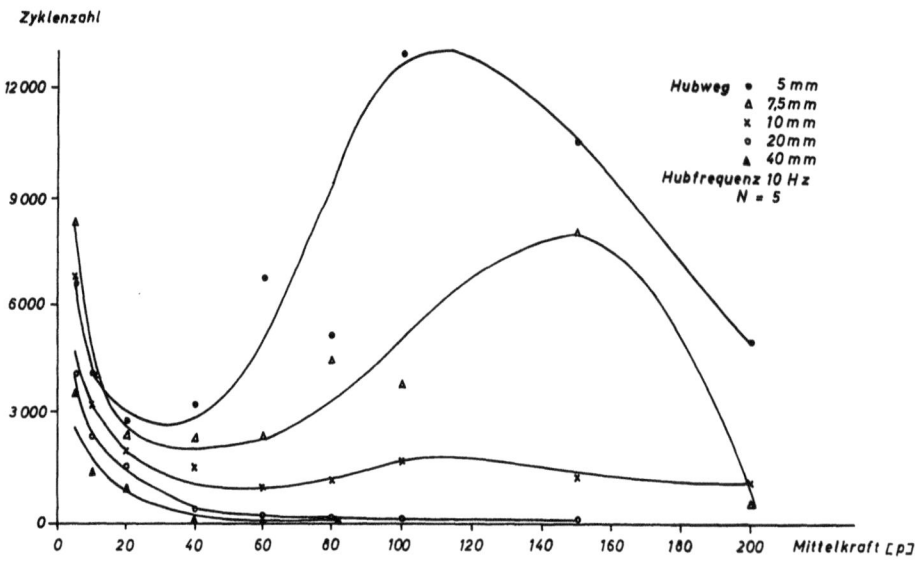

Abb. 15 Einfluß von Mittelkraft und Hubweg auf das Materialverhalten
– 55 Polyester/45 Wolle 21 tex – (T/m 555)

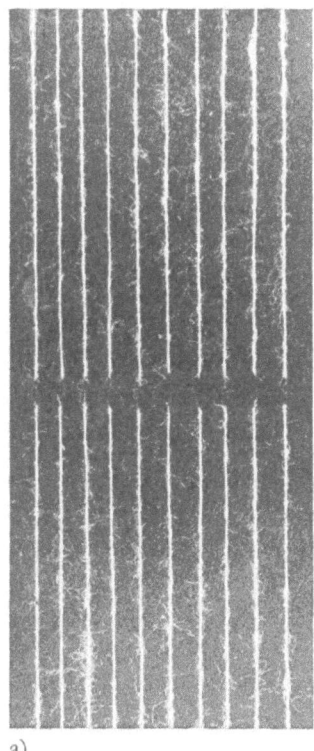 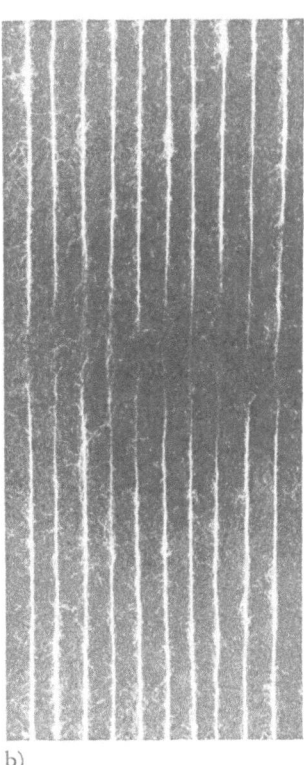

a)   b)

Abb. 16   Gebrochene und bei Wechselbelastungen auseinandergezogene Fadenenden

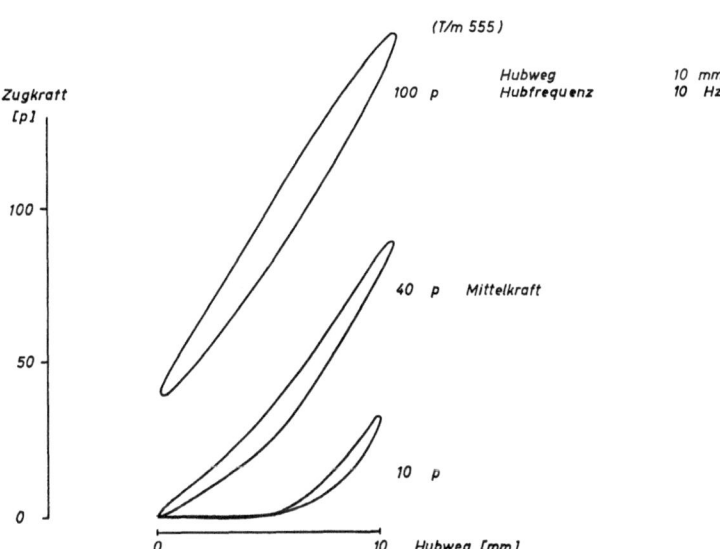

Abb. 17   Kraft-Längen-Verhalten während eines Wechselspieles abhängig von der Mittelkraft
bei konstantem Hubweg
– 55 Polyester/45 Wolle 21 tex – (T/m 555)

33

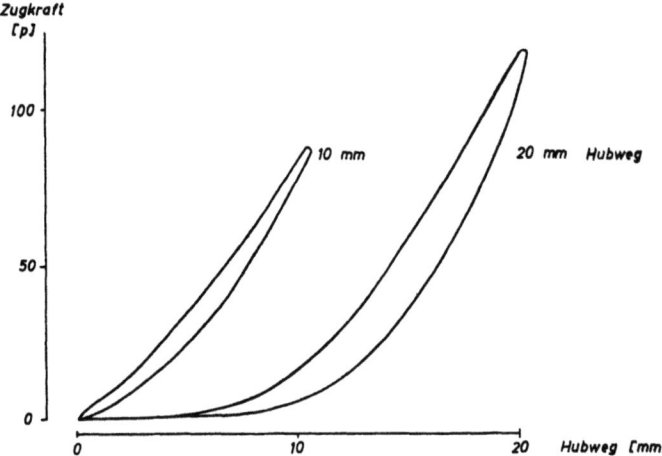

Abb. 18 Kraft-Längen-Verhalten während eines Wechselspieles abhängig vom Hubweg bei konstanter Mittelkraft
— 55 Polyester/45 Wolle 21 tex — (T/m 555)

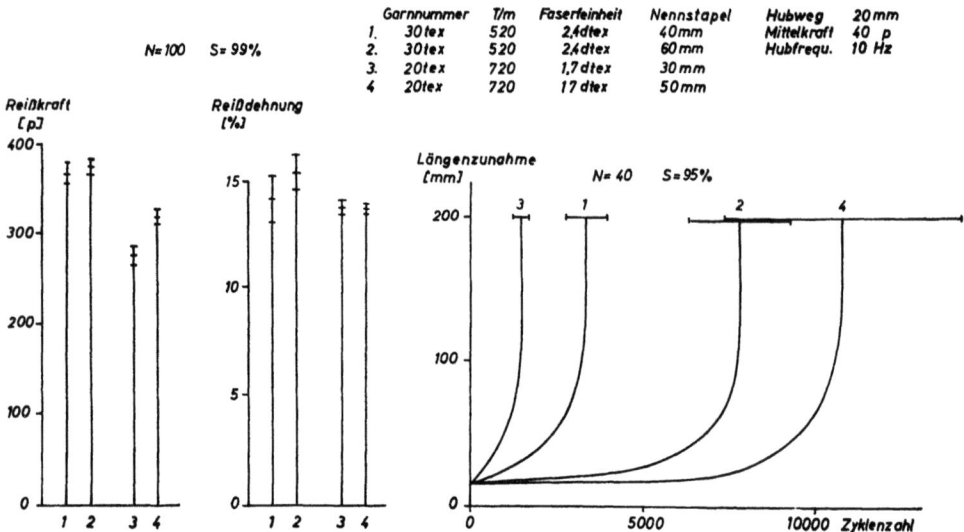

Abb. 19 Einfluß der Faserlänge – Zellwolle –

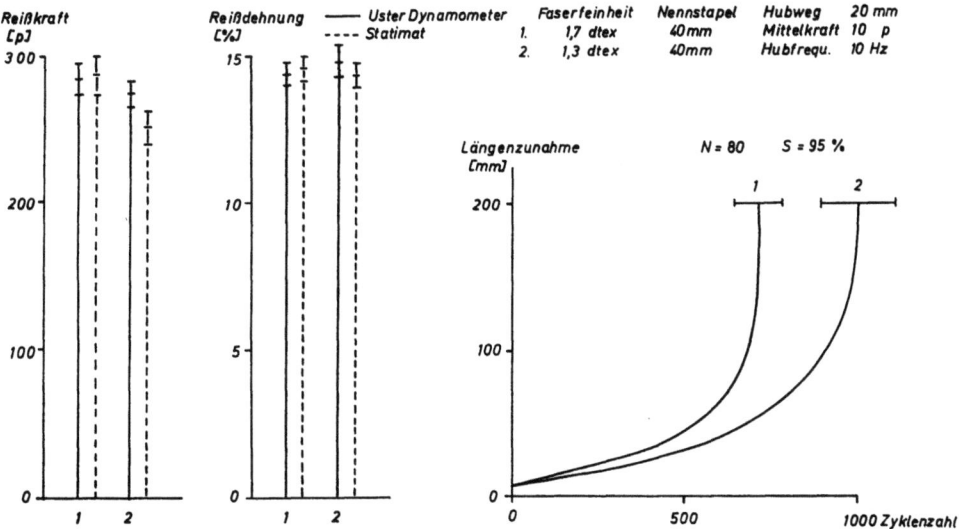

Abb. 20 Einfluß der Faserfeinheit – Polyester 10 tex – (T/m 1000)

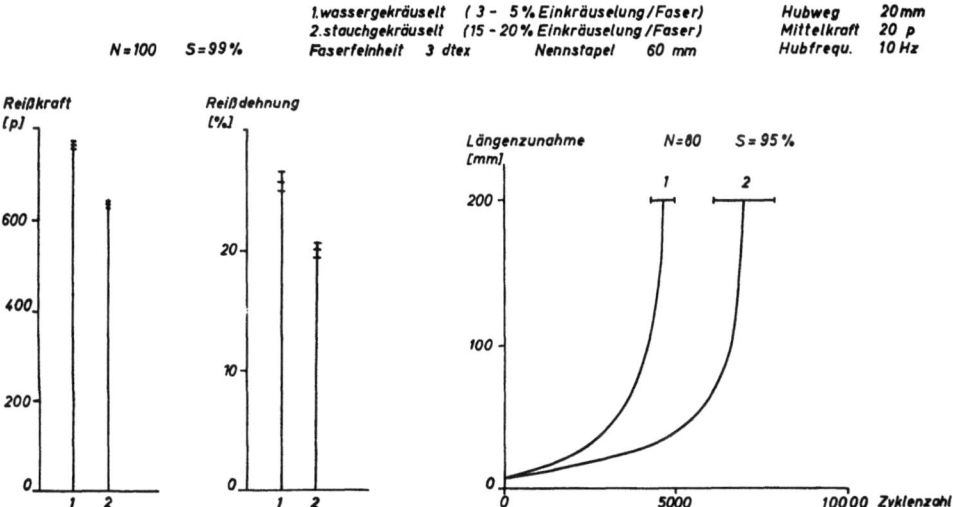

Abb. 21 Einfluß der Faserkräuselung – Polyamid 30 tex – (T/m 582)

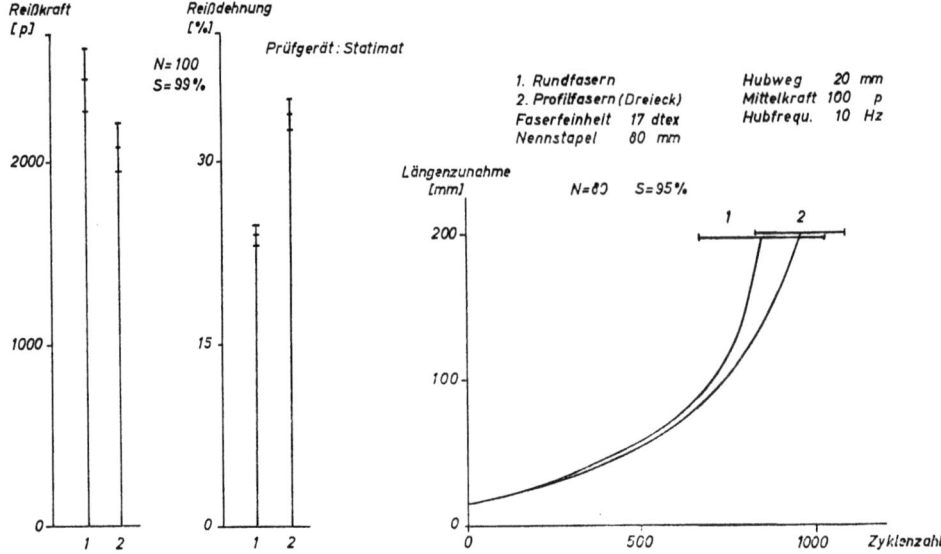

Abb. 22 Einfluß der Faserquerschnittsform – Polyamid 111 tex – (T/m 390)

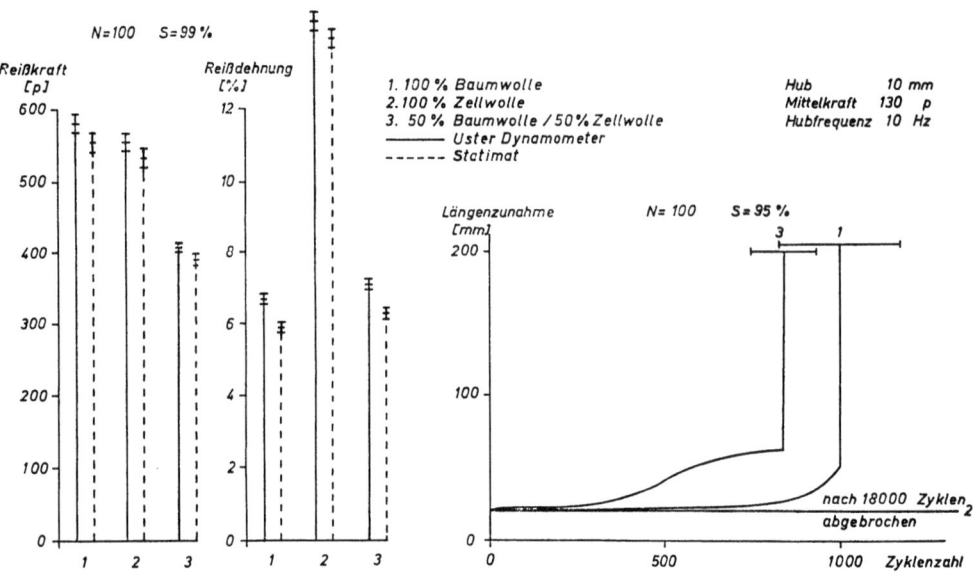

Abb. 23 Einfluß der Fasermischung

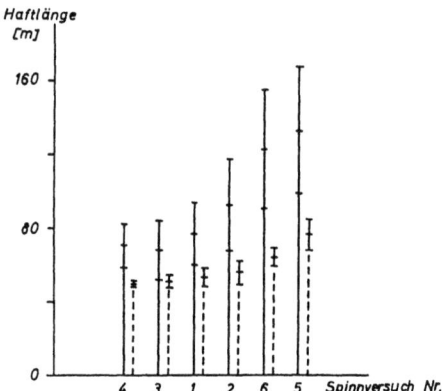

Abb. 24 Einfluß der Spinnavivage auf die Haft-Gleit-Eigenschaften von Flyergarnen
– Zellwolle 420 tex –

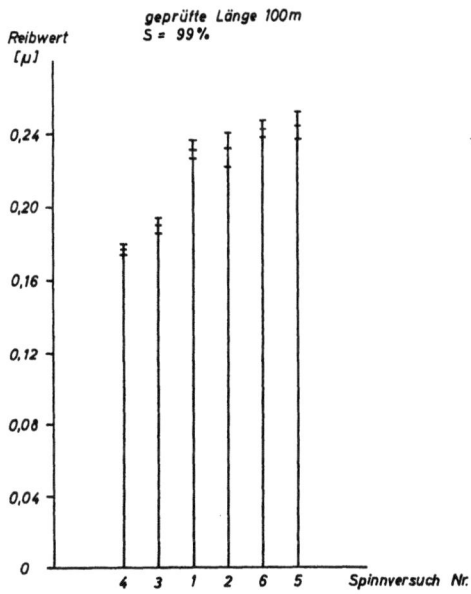

Abb. 25 Einfluß der Spinnavivage auf die Garnreibung – Zellwolle 30 tex –

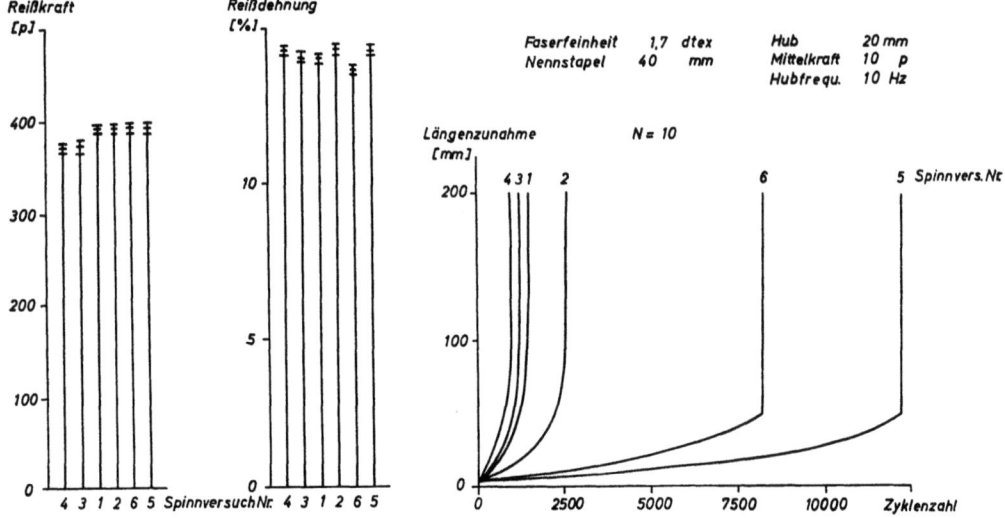

Abb. 26 Einfluß der Spinnavivage auf das Kraft-Dehnungs-Verhalten eines Zellwollgespinstes 30 tex (T/m 495)

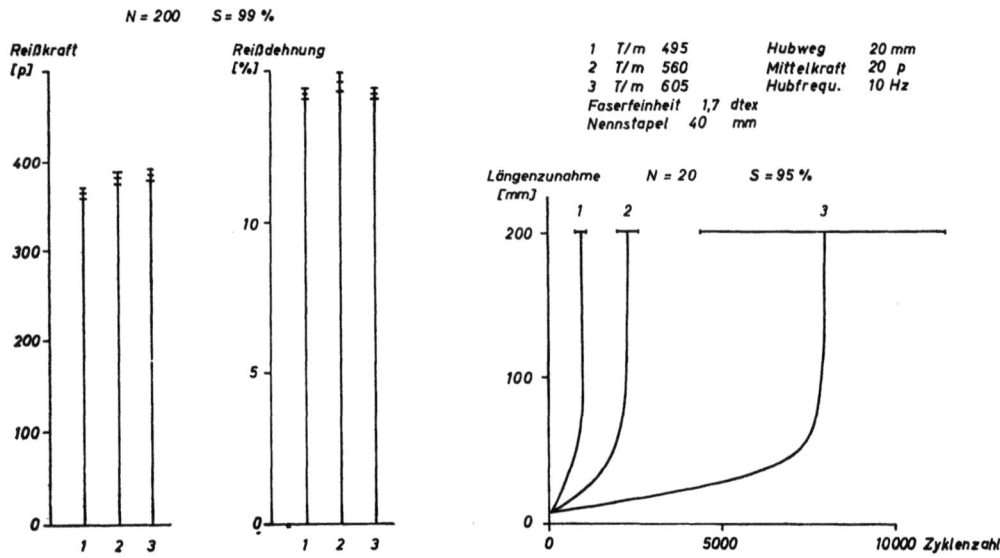

Abb. 27 Einfluß der Gespinstdrehung – Zellwolle 30 tex –

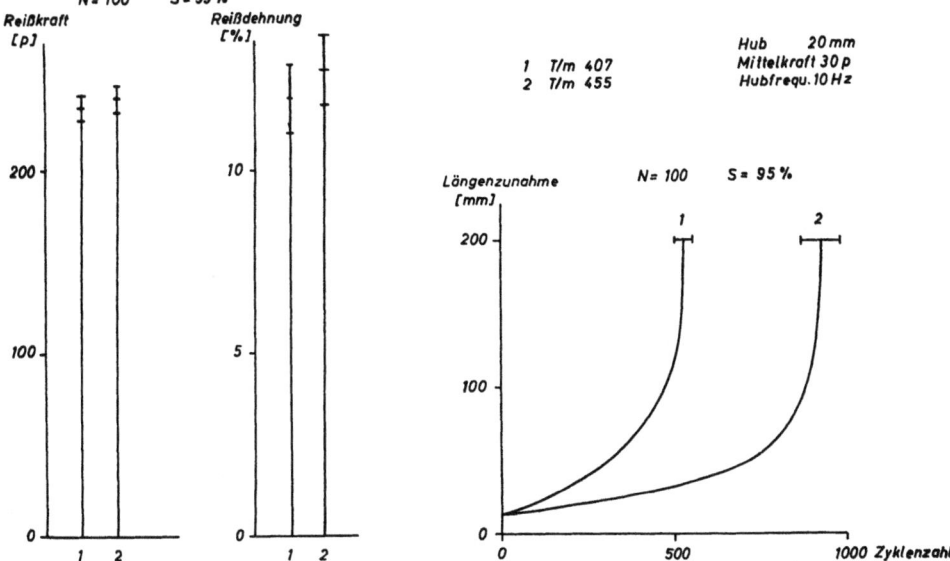

Abb. 28   Einfluß der Gespinstdrehung – Wolle 36 tex –

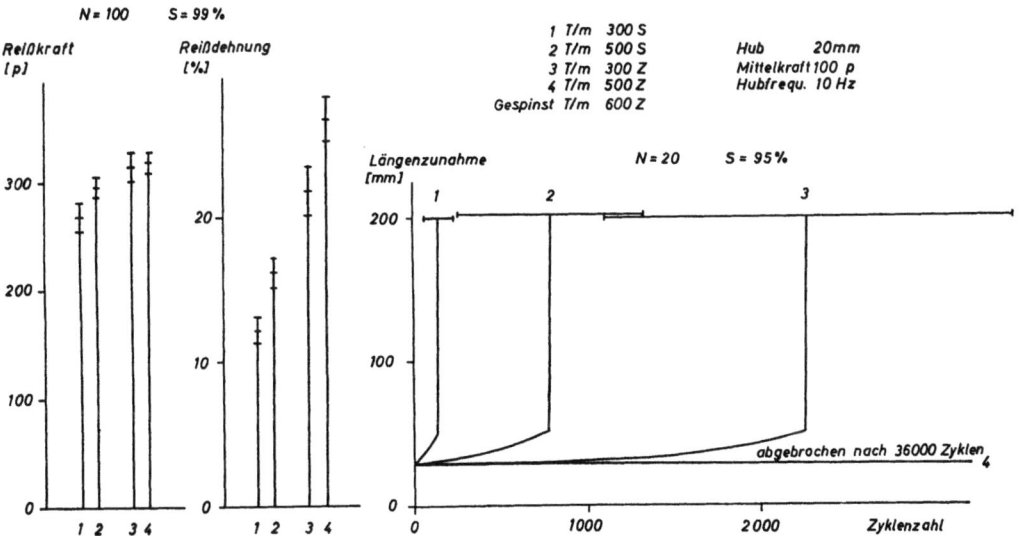

Abb. 29   Einfluß der Zwirndrehung – Wolle 21 tex × 2 –

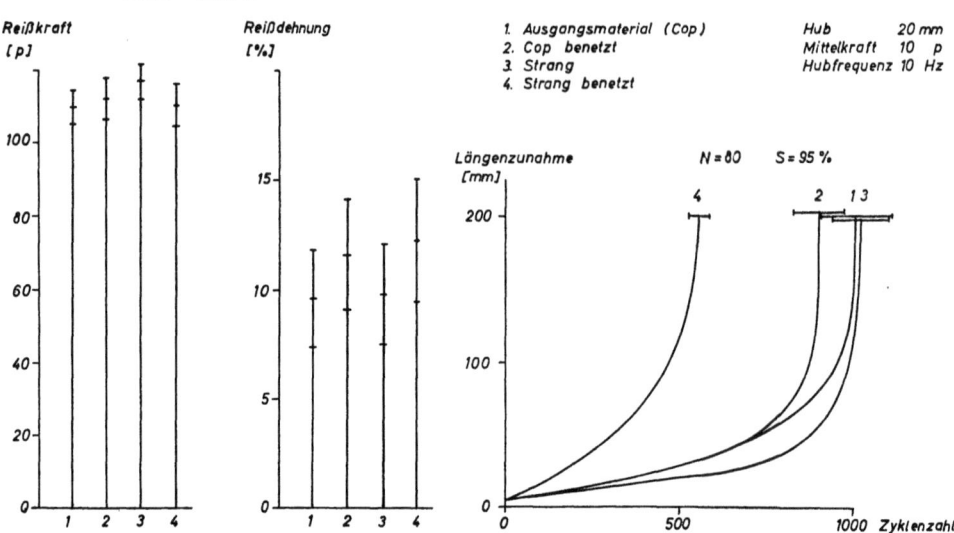

Abb. 30 Einfluß von Benetzungs- und Trocknungsvorgängen
— Wolle 20 tex — (T/m 600)

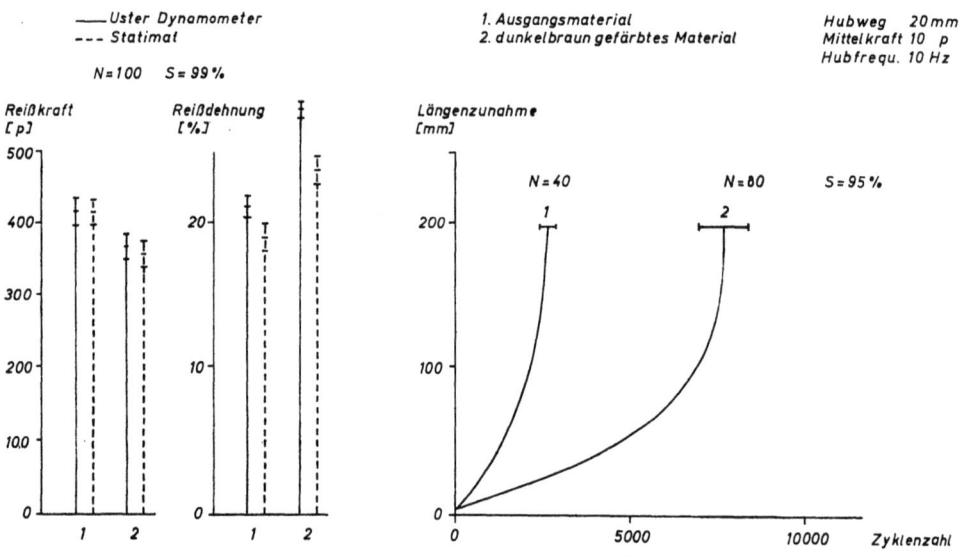

Abb. 31 Einfluß der Garnfärbung
— 55 Polyester/45 Wolle 17 tex × 2 (gefacht) — (T/m 730)

Forschungsberichte des Landes Nordrhein-Westfalen

Herausgegeben im Auftrage des Ministerpräsidenten Heinz Kühn
von Staatssekretär Professor Dr. h. c. Dr. E. h. Leo Brandt

Sachgruppenverzeichnis

Acetylen · Schweißtechnik
Acetylene · Welding gracitice
Acétylène · Technique du soudage
Acetileno · Técnica de la soldadura
Ацетилен и техника сварки

Arbeitswissenschaft
Labor science
Science du travail
Trabajo científico
Вопросы трудового процесса

Bau · Steine · Erden
Constructure · Construction material ·
Soil research
Construction · Matériaux de construction ·
Recherche souterraine
La construcción · Materiales de construcción ·
Reconocimiento del suelo
Строительство и строительные материалы

Bergbau
Mining
Exploitation des mines
Minería
Горное дело

Biologie
Biology
Biologie
Biologia
Биология

Chemie
Chemistry
Chimie
Quimica
Химия

Druck · Farbe · Papier · Photographie
Printing · Color · Paper · Photography
Imprimerie · Couleur · Papier · Photographie
Artes gráficas · Color · Papel · Fotografía
Типография · Краски · Бумага · Фотография

Eisenverarbeitende Industrie
Metal working industry
Industrie du fer
Industria del hierro
Металлообрабатывающая промышленность

Elektrotechnik · Optik
Electrotechnology · Optics
Electrotechnique · Optique
Electrotécnica · Optica
Электротехника и оптика

Energiewirtschaft
Power economy
Energie
Energía
Энергетическое хозяйство

Fahrzeugbau · Gasmotoren
Vehicle construction · Engines
Construction de véhicules · Moteurs
Construcción de vehículos · Motores
Производство транспортных · Средств

Fertigung
Fabrication
Fabrication
Fabricación
Производство

Funktechnik · Astronomie
Radio engineering · Astronomy
Radiotechnique Astronomie
Radiotécnica · Astronomía
Радиотехника и астрономия

Gaswirtschaft
Gas economy
Gaz
Gas
Газовое хозяйство

Holzbearbeitung
Wood working
Travail du bois
Trabajo de la madera
Деревообработка

Hüttenwesen · Werkstoffkunde
Metallurgy · Materials research
Métallurgie · Matériaux
Metalurgia · Materiales
Металлургия и материаловедение

Kunststoffe
Plastics
Plastiques
Plásticos
Пластмассы

Luftfahrt · Flugwissenschaft
Aeronautics · Aviation
Aéronautique · Aviation
Aeronáutica · Aviación
Авиация

Luftreinhaltung
Air-cleaning
Purification de l'air
Purificación del aire
Очищение воздуха

Maschinenbau
Machinery
Construction mécanique
Construcción de máquinas
Машиностроительство

Mathematik
Mathematics
Mathématiques
Mathemáticas
Математика

Medizin · Pharmakologie
Medicine · Pharmacology
Médecine · Pharmacologie
Medicina · Farmacología
Медицина и фармакология

NE-Metalle
Non-ferrous metal
Metal non ferreux
Metal no ferroso
Цветные металлы

Physik
Physics
Physique
Física
Физика

Rationalisierung
Rationalizing
Rationalisation
Racionalización
Рационализация

Schall · Ultraschall
Sound · Ultrasonics
Son · Ultra-son
Sonido · Ultrasónico
Звук и ультразвук

Schiffahrt
Navigation
Navigation
Navegación
Судоходство

Textilforschung
Textile research
Textiles
Textil
Вопросы текстильной промышленности

Turbinen
Turbines
Turbines
Turbinas
Турбины

Verkehr
Traffic
Trafic
Tráfico
Транспорт

Wirtschaftswissenschaften
Political economy
Economie politique
Ciencias económicas
Экономические науки

Einzelverzeichnis der Sachgruppen bitte anfordern

Westdeutscher Verlag · Köln und Opladen

567 Opladen/Rhld., Ophovener Straße 1–3, Postfach 1620

MIX
Papier aus verantwortungsvollen Quellen
Paper from responsible sources
FSC® C105338

If you have any concerns about our products,
you can contact us on
ProductSafety@springernature.com

In case Publisher is established outside the EU,
the EU authorized representative is:
**Springer Nature Customer Service Center GmbH
Europaplatz 3, 69115 Heidelberg, Germany**

Printed by Libri Plureos GmbH
in Hamburg, Germany